Wolfgang Fricke

Der Kommunikationstrainer

aktiv im Betriebsrat

Wolfgang Fricke

Der Kommunikations- trainer

Gespräche / Sitzungen / Verhandlungen / Reden

BUND
VERLAG

Bibliografische Information der Deutschen Nationalbibliothek
Die Deutsche Nationalbibliothek verzeichnet diese Publikation in der Deutschen Nationalbibliografie;
detaillierte bibliografische Daten sind im Internet über http://dnb.d-nb.de abrufbar.

1. Auflage 2010
© 2010 by Bund-Verlag GmbH, Frankfurt am Main
Herstellung: Michael Christ
Umschlag: eigensein, Frankfurt am Main
Satz: Jouve Germany, Kriftel
Druck: Druckhaus »Thomas Müntzer«, Bad Langensalza
Printed in Germany 2010
ISBN 978-3-7663-3983-6

www.bund-verlag.de

für Lina-Kathrin – sie weiß warum ...

Inhalt

Teil 4
Reden halten – selbstbewusst und überzeugend. 124

Worum es geht . . .

Ein Betriebsratsmitglied – egal ob neu gewählt oder schon länger im Amt – sollte sich im Laufe der Zeit einige Grundqualifikationen aneignen. Zwei der wichtigsten sind:

- eine Vorstellung davon, wie eine Belegschaftsvertretung funktioniert (oder funktionieren sollte), wie also Betriebsratssitzungen vorbereitet und abgehalten werden sollten, wie Aufgaben- und Arbeitsteilung organisiert und wie der Kontakt zur Belegschaft gesichert werden sollte – um nur ein paar Beispiele zu nennen (ergänzt natürlich durch das Wissen, auf welche rechtliche Basis sich die Belegschaftsvertretung dabei stützen kann);
- solide Grundkenntnisse im Arbeitsrecht (wobei die Betonung auf *Grund*kenntnisse liegt) – vor allem im Hinblick auf die Informations-, Mitwirkungs- und Mitbestimmungsrechte, die das Betriebsverfassungsgesetz (BetrVG) dem Betriebsrat und seinen Mitgliedern gibt.

Sich diese Wissensbasis zu erwerben ist nicht einfach und sollte schon deshalb nicht überstürzt werden. Vor allem aber muss dem (künftigen) Betriebsratsmitglied eines klar sein: Auch die besten und umfangreichsten Fachkenntnisse nützen nicht allzu viel, wenn sie nicht umgesetzt, nicht »an den Mann« (oder die Frau) gebracht werden können. Praktisch bedeutet das vor allem eines:

Betriebsratsarbeit ist immer und in erster Linie: Kommunikation!

Das beginnt damit, dass die Kommunikation zwischen dem einzelnen Betriebsratsmitglied und den Arbeitnehmern, von denen es gewählt wurde, funktionieren muss. Als Betriebsratsmitglied sollte man in der Lage sein, **Gespräche mit Einzelnen** oder in kleinen Gruppen »anzuzetteln« und zu führen (was durchaus auch Steuern und Lenken von Gesprächssituationen bedeutet).

Dafür sollte man zuhören und gezielt nachfragen können – und man muss Kritik (auch ungerechtfertigte) angemessen annehmen und zielgerichtet verarbeiten können.

Der zweite große Kommunikationsbereich ist dann die Betriebsratssitzung selber. Dabei muss es gar nicht gleich um die Diskussionsleitung gehen. Auch die sachlich weiterführende **Beteiligung an der Diskussion** will gekonnt sein. Denn ob eine Diskussion – sei es im »großen« Betriebsrat, sei es in einem Ausschuss – effektiv gestaltet wird oder im totalen Chaos endet, das hängt beileibe nicht nur vom Diskussionsleiter ab, sondern ebenso vom Verhalten jedes einzelnen Diskussionsteilnehmers. Anders ausgedrückt:

Wer es gelernt hat, sich sachgerecht und hilfreich an einer Diskussion zu beteiligen, hat die für die Diskussionsleitung nötigen Kompetenzen bereits »automatisch« mit erworben.

Nahezu jedes Thema, mit dem ein Betriebsrat sich zu befassen hat, läuft darauf hinaus, dass er mit den in der Diskussion entwickelten Standpunkten und Vorstellungen an den Arbeitgeber herantreten wird, um seine Forderungen so weitgehend wie möglich durchzusetzen. Sich auf diese **Verhandlungen vorzubereiten** und sie dann auch **zu führen**, wäre damit der dritte Bereich, in dem möglichst jedes Betriebsratsmitglied (und nicht nur der/die Vorsitzende) über einige Kompetenz verfügen sollte.

Dabei kann und sollte man auf den »normalen« Fähigkeiten zur Diskussionsleitung aufbauen – die Verhandlungsvorbereitung und das Führen der Verhandlung stellen aber doch ganz eigene Anforderungen an die Kommunikationsfähigkeit, die möglichst jedes Betriebsratsmitglied im Interesse der Arbeitnehmer beherrschen sollte.

Schließlich und endlich sollen und müssen die Ergebnisse der Betriebsratsarbeit (die – nebenbei bemerkt – ja nicht immer positiv sein können) in die Betriebsöffentlichkeit hinein vermittelt werden. Das wird zu einem durchaus nicht unerheblichen Teil in Gesprächen am Arbeitsplatz geschehen, vor allem aber auch auf Betriebs- und Abteilungsversammlungen. Der vierte Bereich, in dem das Betriebsratsmitglied über »kommunikative Kompetenz« verfügen sollte, ist also **die öffentliche Rede**. Das klingt vielleicht ein bisschen hochgestochen, vor allem, wenn es in der Praxis vielleicht nur um die kurze Darstellung eines Sachverhalts auf einer Abteilungsversammlung geht. Aber immer dann, wenn man sich allein und in der herausgehobenen Position des Betriebsratsmitglieds zu äußern hat, dann stellt das – im Vergleich zu einem »normalen« Diskussionsbeitrag – doch besondere Anforderungen an die Vorbereitung und den wirksamen Vortrag. Von der »großen Rede«, etwa auf einer Betriebsversammlung, mal ganz zu schweigen.

Zu diesen Kommunikationsaufgaben möchte dieses Buch praxisnahe und direkt umsetzbare Hilfestellungen, Tipps, Übungen und andere »Werkzeuge« vermitteln . . .

Teil 1
Gespräche führen – zuhören, reagieren, lenken

Es gibt Fertigkeiten, deren Nützlichkeit jedem Betriebsratsmitglied sofort einleuchten: Eine Sitzung leiten, eine Verhandlung vorbereiten und führen und schließlich eine Rede etwa auf einer Betriebsversammlung halten zu können gehören ganz sicher dazu. Dass man aber auch für die zahlreichen Gespräche, die man eben mal »im Vorübergehen« am Arbeitsplatz, auf dem Flur oder in der Kantine zu führen hat, über solide »kommunikative Kompetenzen« verfügen sollte, erscheint vielleicht nicht ganz so selbstverständlich. Eben mal mit ein paar Kollegen über ein aktuelles Thema sprechen, schnell eine Anregung entgegennehmen oder eine Beschwerde anhören – das kann doch jede(r) . . . Oder? Die Antwort lautet: Jein!

Sicher: Wer nicht gerade unter krankhafter Schüchternheit leidet, wird das schon irgendwie hinbekommen – und meistens wird es sogar ganz gut gehen. Aber eben nicht immer (wie wir gleich noch an einem Praxisbeispiel sehen werden). Die »Gesprächstechniken«, die wir uns privat und persönlich im Laufe unseres Lebens angeeignet haben, können in kritischen Situationen versagen. Und dazu darf es (möglichst) nicht kommen! Denn schon ein einziges, so richtig »in die Hose gegangenes« Gespräch kann einen Image-Schaden für den Betriebsrat anrichten, der nachträglich kaum noch auszubügeln ist. Deshalb muss man sich zuallererst eines klar machen:

> **Das Ansehen, das ein Betriebsratsmitglied (und auch der Betriebsrat insgesamt!) bei der Belegschaft hat, hängt sehr viel mehr davon ab wie Gespräche zum Beispiel am Arbeitsplatz geführt werden, als etwa von einem Auftritt auf einer Betriebsversammlung!**

Und das gilt im positiven wie auch im negativen Sinn . . . Nun ergeben sich die meisten Gesprächsmöglichkeiten für ein Betriebsratsmitglied spontan und nebenbei. Und das ist auch gut so. Aber allein darauf wird man sich nicht verlassen können – deshalb gilt:

> **Ein Betriebsrat wird immer darauf achten, dass den Arbeitnehmern möglichst viele auch »offizielle« Gelegenheiten geboten werden, mit Betriebsratsmitgliedern ins Gespräch zu kommen!**

Dafür bieten sich vor allem zwei bekannte und bewährte (trotzdem aber nicht immer ausreichend durchdachte und genutzte) Möglichkeiten an: die Sprechstunden des Betriebsrats und regelmäßige Betriebsrundgänge.

Die Sprechstunde – mehr als nur eine Pflichtübung

Die Sprechstunde des Betriebsrats ist ausschließlich dafür gedacht, den Arbeitnehmern des Betriebs Gelegenheit für Gespräche mit ihrer Interessenvertretung zu bieten. Die praktischen Erfahrungen mit Sprechstunden sind allerdings oft alles andere als ermutigend:

Da sitzt man dann als Betriebsratsmitglied – vielleicht gerade neu gewählt und besonders begierig, helfen zu dürfen – und wartet auf die, die da mühselig und beladen sind. Nur – es kommt niemand. Und wenn sich das mehrfach wiederholt, sind die Folgen wohl klar: Frustration, Ärger, Resignation – je nach Temperament und nicht notwendigerweise in dieser Reihenfolge ...

Sinnvoller wäre es allerdings, einmal darüber nachzudenken, **warum** das mit der Sprechstunde so ist wie es ist. Warum also kommt da (fast) niemand? Dafür muss es doch Gründe geben – und vielleicht sogar gute.

Ein Grund ist sicherlich: Man muss sich als Arbeitnehmer bei seinem Vorgesetzten abmelden, wenn man zum Betriebsrat will. Und dabei muss man natürlich auch sagen, dass man die Absicht hat, zum Betriebsrat zu gehen. Was wohl niemandem so ganz leicht fällt. Besonders dann nicht, wenn zum Beispiel der Abteilungsleiter mit hochgezogenen Augenbrauen fragt: »Zum Betriebsrat wollen Sie? Ach! Warum denn?«

Selbstverständlich muss man als Arbeitnehmer darauf nicht antworten – und vielleicht weiß man sogar, dass man das nicht muss. Aber eine blöde Situation ist es eben doch, und der geht man lieber aus dem Weg.

Und wenn einem Arbeitnehmer eine Situation schließlich doch so auf den Nägeln brennt, dass er sich durchringt, die Sprechstunde des Betriebsrats aufzusuchen, tja, dann sitzt da vielleicht gerade ein Betriebsratsmitglied, mit dem man bisher noch nie etwas zu tun hatte – und zu dem man deshalb auch kein wirkliches Vertrauen hat.

Das gilt übrigens auch und vor allem dann, wenn es der Betriebsratsvorsitzende ist, der allein die Sprechstunden abhält. Denn auch wenn man es vielleicht nicht wahrhaben will – oft erscheint der Vorsitzende des Betriebsrats für viele Beschäftigte im Betrieb doch noch deutlich »weiter weg« als das Betriebsratsmitglied vor Ort. Was den Weg in die Sprechstunde enorm erschweren kann.

Das alles soll nun bitte nicht falsch verstanden werden: Selbstverständlich gibt es Betriebsräte, die mit ihren Sprechstunden recht gute Erfahrungen machen. Aber überwiegend läuft es wohl doch nicht so, wie man sich das wünscht.

Stellt sich die Frage, ob man das mit den Sprechstunden nicht lieber ganz lassen sollte? Die Antwort ist klar und eindeutig: Nein, auf gar keinen Fall! Selbst wenn die Erfahrungen schlecht sind (und schlecht bleiben sollten):

> **Der Betriebsrat bietet regelmäßige Sprechstunden an – mindestens einmal die Woche und in größeren Betrieben noch häufiger!**

Denn auch wenn die Sprechstunden nur wenig genutzt werden, sind sie doch ein Angebot, mit dem Betriebsrat zu kommunizieren. Und freiwillig sollte der Betriebsrat auf keine solche Möglichkeit verzichten.

Damit das nicht zu Frustrationen führt, sollte man (a) nicht viel erwarten und (b) eine sinnvolle andere Beschäftigung haben. Beispielsweise könnte man – so lange niemand kommt – die Sprechstundenzeit sehr gut nutzen, um andere Betriebsratsarbeit zu tun: Informationsmaterial lesen, Schriftwechsel erledigen, Akten sortieren usw.

Noch wichtiger ist es aber, zusätzlich daran zu arbeiten, die Hemmschwelle für den Besuch der Sprechstunde herunterzusetzen. Dafür gilt es, einige Überlegungen zu beachten, die zwar allesamt ziemlich selbstverständlich klingen, es aber in der Praxis längst noch nicht sind:

- Der Zeitpunkt muss stimmen. Also: Sprechstunden für eine Zeit ansetzen, in der es im Betrieb etwas ruhiger zugeht, so dass ein Arbeitnehmer sich leichter mal loseisen kann.
- Die Besetzung der Sprechstunden wechselt. Möglichst alle Betriebsratsmitglieder betreuen die Sprechstunde reihum.
- Die Termine der Sprechstunden und ihre Besetzung werden durch ständigen Aushang deutlich herausgestellt.

Und wenn dann noch von Zeit zu Zeit im Tätigkeitsbericht auf der Betriebsversammlung erwähnt wird, dass der Betriebsrat eine Information »in der Sprechstunde bekommen« hat oder dass »in der Sprechstunde ein Problem gelöst« werden konnte, dann kann es leicht sein, dass man schon bald gar nicht mehr dazu kommt, während der Sprechstundenzeit seine Akten zu sortieren.

Betriebsrundgänge – regelmäßig und gut geplant

Wie heißt es so schön? Wenn der Berg nicht zum Propheten kommt, dann muss der Prophet sich eben selber auf die Socken machen.

Denn selbstverständlich ist es viel leichter, ein Betriebsratsmitglied bei einem Rundgang anzusprechen, als den Weg in die Sprechstunde anzutreten. Außerdem darf und muss man als Betriebsratsmitglied beim Rundgang auch nicht etwa warten, bis man angesprochen wird. Man kann und soll natürlich selber gucken und fragen! Also:

> **Der Betriebsrat führt (Beschlusssache) regelmäßig mindestens einmal in der Woche Betriebsrundgänge durch – in größeren Betrieben vielleicht sogar häufiger!**

Das könnte dem einen oder der anderen übertrieben erscheinen: »Wir sind doch immer greifbar. So groß ist unser Betrieb nun auch wieder nicht, dass nicht jeder, der das will, ein Betriebsratsmitglied finden könnte!« Oder: »Zwei von uns sind als Betriebshandwerker sowieso laufend im ganzen Betrieb unterwegs und können eigentlich immer mal angehauen werden, wenn es etwas gibt!«

Klingt vernünftig und praxisgerecht – aber: Es unterschätzt die Schwierigkeit, die viele Arbeitnehmer haben, von sich aus die Initiative zu ergreifen und ein Betriebsratsmitglied anzusprechen – selbst wenn es in Rufweite durch die Abteilung geht.

Die Initiative für ein Gespräch muss also immer vom Betriebsratsmitglied ausgehen. Die Gelegenheit muss direkt angeboten werden. Und das geht eben nur, wenn man auf dem Rundgang auch offiziell als Betriebsratsmitglied unterwegs ist. Dafür gilt übrigens das Gleiche wie schon für die Sprechstunde:

> **Es ist nicht gut, wenn allein der Betriebsratsvorsitzende oder nur die Freigestellten für Rundgänge verantwortlich sind!**

Vielmehr bietet sich hier die Methode »Staffellauf« an. Voraussetzung für dieses Verfahren ist, dass der Betriebsrat Bereiche im Betrieb festgelegt hat, für die jeweils ein Betriebsratsmitglied in erster Linie zuständig ist. Und so funktionierts:

Der Betriebsratsvorsitzende (oder sein Stellvertreter) geht durch den ganzen Betrieb – auf einem vorher genau festgelegten Weg. Immer beim Betreten eines neuen Zuständigkeitsbereichs kommt das für diesen Betriebsteil verantwortliche Betriebsratsmitglied dazu. Verlässt der Vorsitzende diesen Bereich und geht in den nächsten Bereich wechselt also immer auch seine Begleitung. Das muss natürlich sorgfältig abgesprochen und organisiert sein. Die Vorteile:

- Das für einen Bereich zuständige Betriebsratsmitglied tritt bei dem Rundgang in Erscheinung (worauf jedes Betriebsratsmitglied Wert legen sollte).
- Der Betriebsratsvorsitzende hat eine Begleitung, die sich in den besonderen Problemen der jeweiligen Abteilung gut auskennt.
- Die Beschäftigten sprechen das ihnen bekannte Betriebsratsmitglied leichter einmal an.

Zusätzlich wird natürlich das für einen bestimmten Bereich zuständige Betriebsratsmitglied auch allein häufiger durch »seine« Abteilung gehen.

Nur wenn ein Betrieb sehr groß ist, wird sich die Staffellauf-Methode vielleicht nicht anwenden lassen. Dort wird es dann nur Rundgänge der einzelnen Betriebsratsmitglieder durch ihre Zuständigkeitsbereiche geben.

Klar: Außer diesen organisierten Gesprächsmöglichkeiten werden sich natürlich jede Menge weiterer Gelegenheiten zum Gespräch zwischen Betriebsratsmitgliedern und Arbeitnehmern bieten. Ob allerdings diese Gelegenheiten tatsächlich genutzt werden oder ob die Arbeitnehmer »ihrem« Betriebsratsmitglied vorsichtshalber den Rücken zuwenden, das hängt vor allem von den Erfahrungen ab, die man bisher mit dem Ablauf solcher Gespräche gemacht hat. Und damit sind wir wieder beim Ausgangspunkt unserer Überlegungen:

> **Was jedes, aber wirklich jedes Betriebsratsmitglied braucht, ist eine leicht zu handhabende, praxisgerechte Gesprächstechnik ...**

Gesprächstechnik – einige klare Regeln genügen

Schauen wir uns zunächst ein Beispiel an, wie ein solches Gespräch ablaufen könnte. Stellen wir uns dafür die folgende Situation vor:

Siegfried Lachmann, bereits seit fünf Jahren Betriebsratsmitglied, geht – es ist ein Mittwochvormittag – durch seinen Zuständigkeitsbereich. Wie immer schlendert er von Arbeitsplatz zu Arbeitsplatz und wenn die Kollegen nicht gerade unter Hochdruck arbeiten, fragt er schon mal: »Wie geht's? Läuft alles? Gibt's Probleme?«

Bei einem Kollegen, der sich vor einiger Zeit wegen unkorrekter Überstundenabrechnung beim Betriebsrat beschwert hatte, fragt Lachmann noch, ob inzwischen alles klar ist, dann geht er weiter zu Horst Lehm. Horst Lehm arbeitet erst seit kurzer Zeit in Lachmanns Zuständigkeitsbereich. Man kennt sich deshalb noch nicht besonders gut und Lachmann möchte gerne einmal ein Gespräch mit dem Neuling führen. Die Gelegenheit scheint günstig . . .

Der Einstieg ins Gespräch . . .

Siegfried Lachmann: »Na, wie geht's denn so? Probleme? Hast du dich schon ein bisschen eingearbeitet?«

Tja – und mit dem, was jetzt kommt, hat Siegfried Lachmann nun wirklich nicht gerechnet. Horst Lehm dreht sich nämlich um, guckt Siegfried Lachmann ungehalten an und legt dann los:

»Probleme? Willst du mich verscheißern? Rennt hier rum und fragt nach Problemen, der Typ. Und passieren tut dann nix. Such dir gefälligst 'nen anderen . . .«

»He!« Siegfried Lachmann ist verblüfft, aber auch gekränkt. »Stopp mal, das kannst du aber wirklich nicht sagen. Ich kümmere mich hier um alles, da kannst du die Kollegen gerne fragen!«

»Weiß ich nicht. Dich kenn ich ja nicht. Aber Betriebsräte, die kenn ich!«

»Ne! Ne! Das lass ich nicht auf mir sitzen, weißt du. Wenn's hier Probleme gibt, dann sind die bis jetzt immer noch gelöst worden. Oder stimmt das nicht, Lina?« Siegfried Lachmann wendet sich an die Kollegin am Arbeitsplatz gleich nebenan. Die nickt nur und guckt dann etwas betreten zur Seite.

»Siehst du. Hab ich dir doch gesagt!«

Kein guter Start, wirklich nicht. Aber das Betriebsratsmitglied kann doch nichts dafür? Oder hätte Lachmann vielleicht doch etwas besser machen können?

Die Sache kommt zur Sprache – beinahe ...

Horst Lehm holt tief Luft: »Nun will ich dir mal was sagen. Also, ich bin vor einem halben Jahr oben bei euch in der Sprechstunde gewesen und hab mich bei der – wie heißt sie noch? – jedenfalls hab ich mich bei eurer Vorsitzenden beschwert, dass ich nicht richtig eingruppiert bin. Da war ich noch in Halle ...«

»Hör mal zu!« Siegfried Lachmann unterbricht. »Ich kenn die Marie-Louise jetzt seit Jahren. Und wenn die 'ne berechtigte Beschwerde bekommt, dann geht sie der Sache auch nach und dann kommt das in Ordnung, da kannst du dich drauf verlassen!«

»Ach nee! Berechtigte Beschwerde, sagst du? Soll das heißen, dass meine Beschwerde nicht berechtigt war?«

»Weiß ich doch gar nicht. Ich kenn den Fall ja nicht genau. Ich hab nur gesagt, wenn die Marie-Louise ...«

»Deine Marie-Louise kannst du dir ...«

Oh, oh. Das sieht aber gar nicht gut aus. Was ist hier schief gelaufen?

Jetzt geht es aber wirklich um die Sache ...

»Na, nun komm«, Siegfried Lachmann versucht sich zu beherrschen, »be-
ruhige dich mal und erklär mir die Sache – ja?«

»Meinetwegen«, Horst Lehm stöhnt etwas gequält, »dann erzähl ich dir die
Geschichte eben auch noch mal. Auf einmal mehr oder weniger kommt's ja
nicht an ... Also, damals hab ich ja noch in einer anderen Abteilung gearbeitet, aber es war eigentlich der gleiche Job wie hier. Ich bin in der
Entgeltgruppe F. So, und da steht so was wie ›arbeitet nach Anweisung‹. Bei
Entgeltgruppe G steht aber ›arbeitet *selbstständig* nach allgemeinen An-
weisungen‹ – oder so ähnlich. So, und nun kommst du. Du sagst ja, du kennst
dich aus hier im Laden. Arbeite ich selbstständig oder nicht?«

»Klar arbeitest du selbstständig. Aber so 'ne Eingruppierungsgeschichte ist
immer eine komplizierte Kiste. Und die Marie-Louise hat das mit Sicherheit
überprüft.«

Siegfried Lachmann gibt sich doch wirklich Mühe, oder? Was hat er vielleicht trotzdem falsch gemacht?

_____

_____

_____

_____

Es bleibt mühselig ...

Horst Lehm: »Hat sie eben nicht! Nicht richtig! Du sagst doch selbst, ich
arbeite selbstständig ... Also muss ich in Entgeltgruppe G, ist doch klar!«

»So klar nun auch wieder nicht. Das muss ganz sorgfältig geprüft werden.
Aber okay – ich geh der Sache mal nach und sprech auch noch mal mit
Marie-Louise. Aber schwierig wird das, das kann ich dir jetzt schon sagen.«

»Was soll daran so schwierig sein? Ich gehör in die Entgeltgruppe G und
fertig!«

»Pass auf, ich erklär's dir mal, ganz einfach.«

»Hältst du mich für doof?«

»Nein, natürlich nicht, aber das ist wirklich ein bisschen kompliziert. Also,

erst mal muss da eine Beschwerde von dir vorliegen, in der du uns sagst, dass du dich . . .«
»Hast du sie nicht alle? Ich hab mich doch schon beschwert. Vor einem halben Jahr, bei deiner großartigen Marie-Louise. Das versuch ich dir doch seit zehn Minuten zu erklären!«

Tja, Siegfried Lachmann hat sich hier wohl selbst in eine Zwickmühle hinein argumentiert. Wie ist das passiert?

_____

_____

_____

_____

Und am Ende wird's richtig kompliziert . . .

Siegfried Lachmann wird nun doch etwas unwirsch: »Mensch, nun lass mich doch mal ausreden und blubber nicht immer dazwischen. Da muss es eine offizielle Beschwerde von dir geben. Die können wir als Betriebsrat dann aufgreifen . . .«
»Ha! Ha! Ha!«
». . . Die greifen wir dann auf und können mit der Geschäftsleitung drüber verhandeln, dass die dich in die Entgeltgruppe G nimmt. Das Problem ist nur – wir haben als Betriebsrat in so 'ner Situation kein richtiges Mitbestimmungsrecht. Wenn der Alte also nicht mitspielt . . .«
»Ich denk, ihr habt überall diese großartige Mitbestimmung? Na, das ist ja mal wieder typisch. Immer dicke Backen machen und wenn's ernst wird, dann ist wieder nischt mit Pfeifen.«
»Also weißt du, ich bin ja wirklich ein geduldiger Mensch. Aber langsam hab ich auch die Schnauze voll. Natürlich können wir was machen. Ich hab doch nur gesagt, oder ich wollte vielmehr sagen: Wenn der Alte nicht mitspielt, dann musst du selber ran und in einer Feststellungsklage . . .«
»Was für 'ne Klage?«
»Feststellungsklage. Das heißt, du musst im Notfall selber beim Arbeitsgericht klagen, dass du richtig eingruppiert wirst. Das können wir als Betriebsrat nicht für dich machen.«

»Na – nu lach ich mich aber schlapp. Wenn ich sowieso alles allein machen muss, wofür brauch ich dann ‹n Betriebsrat? Hä?«

»Wir helfen dir ja dabei. Du – ich muss jetzt weiter, der Meister guckt schon.«

»Nu mach dir bloß nicht gleich in die Hose!«

»Mach ich auch nicht. Aber wir können jetzt nicht stundenlang ... Ich klär die Sache heute noch ab. Und morgen früh sag ich dir dann, wie's weitergeht. Und dann kriegen wir die Sache schon in den Griff. Einverstanden?«

Siegfried Lachmann gibt Horst Lehm noch schnell die Hand, die dieser nur zögernd und flüchtig ergreift, sagt noch mal »Okay?« und macht dann, dass er weiterkommt. Horst Lehm wendet sich wieder seiner Arbeit zu und murmelt nur noch: »Und trotzdem ... Scheißbetriebsrat!«

Nein, wirklich, alles in allem war es doch gar nicht so schlecht, wie der Siegfried Lachmann das gemacht hat. Er geht regelmäßig durch seinen Bereich. Er bietet Gespräche an, fragt, informiert, steht zur Verfügung. Was also war das Hauptproblem bei diesem Gespräch?

_____

_____

_____

_____

Nun, eines steht wohl fest: Einen Erfolg hat Siegfried Lachmann bei dem Gespräch mit Horst Lehm nun wirklich nicht an die Fahne des Betriebsrats heften können. Er ist gerade noch einmal so herausgekommen aus der sehr schwierigen Situation, in die er unverhofft hineingeraten war. Und vielleicht bekommt er die Sache mit Horst Lehm sogar noch auf die Reihe, wenn er dem Problem jetzt ernsthaft nachgeht und noch ein paar Mal mit ihm spricht ...

Aber wie auch immer: Wenn man feststellen will, was in diesem Gespräch schief gelaufen ist, dann muss man schon sehr genau hinschauen. Dabei kann man dann allerdings eine ganze Menge über Gesprächstechnik lernen. Und das beginnt schon bei der Gesamtsituation:

Regel 1:

Ungestört sprechen!

Das war doch wirklich unangenehm: Vor den Augen und Ohren von vermutlich einer ganzen Reihe anderer Leute kriegen sich ein Betriebsratsmitglied und ein Arbeitnehmer in die Haare. Schmutzige Wäsche wird öffentlich gewaschen. Aber selbst wenn es nicht um »schmutzige Wäsche« geht, wenn nicht gestritten wird, geht es in Gesprächen zwischen Betriebsratsmitglied und Arbeitnehmer doch oft um persönliche und vertrauliche Dinge – und entsprechend sollte auch die Umgebung für ein solches Gespräch sein.

> **Sowie man als Betriebsratsmitglied merkt, dass ein Gespräch wohl etwas länger dauern wird, dass es um schwierige oder sehr persönliche Fragen geht, soll man das Gespräch dort weiter führen, wo man wirklich ungestört ist! Jedes Betriebsratsmitglied sollte solche Orte kennen!**

Bei unserem Beispielgespräch jedenfalls hatte die Tatsache, dass es sich in aller Öffentlichkeit abgespielt hat, gleich mehrere ungünstige Auswirkungen:

* Wenn man als Betriebsratsmitglied so öffentlich angegriffen wird, steht man unter dem Druck, sich verteidigen zu müssen. Das Gespräch wird sehr schnell unnötig scharf.
* Auch der »angreifende« Arbeitnehmer wird durch die öffentliche Aufmerksamkeit angestachelt, es »dem Betriebsrat zu zeigen«. Vielleicht hat er schon vorher im Kollegenkreis gemotzt, vielleicht ein wenig angegeben, dass »er es diesem Betriebsratsheini schon geben« wird. Nun muss er auch dazu stehen, sonst wird er vor seinen Kollegen unglaubwürdig.
* Das Betriebsratsmitglied in unserem Beispiel hat noch andere als »Zeugen« für seine gute Arbeit mit ins Gespräch gezogen: »... Da kannst du die Kollegen gerne fragen ...« Und: »... Stimmt das nicht, Lina?« So etwas ist nicht nur für die Angesprochenen oft peinlich, das kann sogar dazu führen, dass plötzlich eine ganze Gruppe mitdiskutiert. Ein wirklich gutes Gespräch wird dann nicht mehr möglich sein.

Und schließlich spielte sich das Gespräch auch noch unter den Augen eines Vorgesetzten ab (»Der Meister guckt schon.«) ... Auch wenn sich das Betriebsratsmitglied deswegen sicher nicht »in die Hosen macht« – eine ruhige und gelassene Gesprächsatmosphäre wird dadurch bestimmt nicht gefördert.

Regel 2:

Zuhören ist wichtiger als selbst reden!

Wie war das mit dem Gespräch zwischen Lachmann und Lehm? Nach einem doch schon etwas verkorksten Anfang (dazu später noch mehr) kommt Horst Lehm gleich zur Sache:

> Lehm: »... ich bin vor einem halben Jahr bei euch in der Sprechstunde gewesen und habe mich bei eurer Betriebsratsvorsitzenden beschwert, dass ich nicht richtig eingruppiert bin. Damals war ich noch in Halle ...«
> Lachmann: »Hör mal zu! Ich kenn die Marie-Louise jetzt seit zehn Jahren. Und wenn die ...«

Das ist ja wirklich anständig und loyal von Siegfried Lachmann, dass er sich vor seine Betriebsratsvorsitzende stellt und sie verteidigt – nur: Der Zeitpunkt ist falsch!

Denn Lehm ist sauer. Ob berechtigt oder nicht, darf dabei keine Rolle spielen. Denn Lehm will gerade erklären, **warum** er sauer ist, was überhaupt passiert ist (»Damals war ich noch in Halle ...«). Und ausgerechnet in diesem Moment spielt Siegfried Lachmann den »edlen Ritter« und verpatzt damit die Chance zu erfahren, um was es überhaupt geht.

Wenn aber Horst Lehm sein Problem erst einmal hätte schildern können, dann hätte sich das weitere Gespräch ziemlich sicher um diese **Sache** gedreht, es wäre also sachlich weiter gegangen, statt in einen Streit um die Person der Betriebsratsvorsitzenden auszuarten. Ist die **Sache** dann geklärt, kann der Betriebsrat und seine Vorsitzende immer noch verteidigt werden. Wahrscheinlich lassen sich Missverständnisse dann sogar viel besser ausräumen.

Kurzum: Siegfried Lachmann hätte einfach nur **zuhören** sollen, dann wäre das Gespräch vielleicht so gelaufen:

> Lehm: »... hab mich beschwert, dass ich nicht richtig eingruppiert bin. Da war ich aber noch in Halle 4, nebenan.«
> Lachmann: »Ja?«
> Lehm: »Na ja, da hab ich doch praktisch den gleichen Job gemacht, wie jetzt. Ich bin ja in Entgeltgruppe F.«
> Lachmann: »Klar. Ich erinnere mich.«
> Lehm: »So. Und im Tarif steht nun bei Entgeltgruppe F etwas von ›nach Anweisung arbeiten‹ – oder so ähnlich. Und bei Entgeltgruppe G, da steht ...«

Was Siegfried Lachmann hier getan hat, das nennt man: Aktives Zuhören! Und das heißt: Man hält sich zunächst noch zurück und versucht vor allem nicht, gleich mit Gegenargumenten zu kommen oder eine Stellungnahme abzugeben. Aktives Zuhören soll nur zum Weiterreden ermuntern, weil das – vor allem am Anfang eines Gesprächs – immer das Wichtigste ist. Zum aktiven Zuhören gehören deshalb auch kurze Äußerungen wie: »Ja?«, »Klar, versteh ich!« oder auch nur ein einfaches »Hmmm«.

> **Denn nur wenn der Gesprächspartner seine Meinung, seine Sicht der Dinge vollständig geschildert hat, wird er bereit sein, weiter zu reden und auch Vorschläge oder Gegenargumente aufzugreifen!**

Zugegeben: Es ist oft sehr schwer, ruhig und verständnisvoll zuzuhören, wenn einem etwas vielleicht ganz und gar gegen den Strich geht. Und doch ist es notwendig, um einen Ausgangspunkt für das weitere Gespräch zu bekommen! Dabei gilt:

> **Die Bereitschaft zum Zuhören muss deutlich gezeigt werden! Man guckt den Gesprächspartner immer an, auch wenn dieser gerade woanders hinsieht! Immer wenn er einen wieder anschaut, muss er merken: Der ist bei der Sache, der hört mir zu!**

Allerdings genügt Zuhören allein oft nicht, um das Gespräch in Gang zu halten. Trotzdem sollte man noch nicht gleich den eigenen Senf dazu geben, keine Stellungnahmen abgeben, keine Ratschläge aufdrängen (zu diesem Thema gibt es übrigens gleich noch eine sehr empfehlenswerte Übung).

Regel 3:

Häufig nachfragen!

Lehm: »... rennt hier rum und fragt nach Problemen, der Typ. Und passieren tut dann nix!«
Lachmann: »He! Stopp mal, das kannst du aber wirklich nicht sagen. Ich kümmere mich ...«

»Das kannst du nicht sagen!« Natürlich muss Horst Lehm das sagen können und dürfen. Er muss zunächst **alles** sagen können und dürfen.

Auch wenn es dem Betriebsratsmitglied noch so schwer fällt, bei einem solchen Angriff ruhig und geduldig zu bleiben: Da hat jemand ein Problem, und als Betriebsratsmitglied ist Lachmann nun einmal dafür da, Lehm bei der Lösung seines Problems zu helfen.

Natürlich kann man gut verstehen, dass Lachmann hier auf die Barrikaden geht. Er findet den Angriff ungerecht, fühlt sich auch persönlich gekränkt (obwohl es um ihn gar nicht geht). Und es stimmt ja auch: Was Lehm da von sich gibt, ist unsachlich, verletzend und vor allem ist es ungenau.

Aber was hat Siegfried Lachmann durch seinen Gegenangriff erreicht? Aus dem Gespräch wird ein Streit! Durch simples Nachfragen hingegen hätte das Gespräch von Anfang an in eine ganz andere Richtung gelenkt werden können:

> **Lehm:** »... und passieren tut dann nix!«
> **Lachmann:** »Versteh ich nicht. Hast du dich über irgendetwas geärgert?«
> **Lehm:** »Ach, das war so. Vor einem halben Jahr habe ich mich in der Sprechstunde ...«

Eigentlich so einfach: Einmal kräftig schlucken, den Angriff überhören, nachfragen – und dann ist sie auf dem Tisch, die **Sache**, um die es eigentlich geht. Auch wenn es also schwer fällt (und es fällt verdammt schwer!):

Angriffe überhören! Nicht auf provozierende Aussagen oder auf Reizworte reagieren, sondern nachfragen!

Und es gibt noch ein Beispiel dafür, wie wichtig es ist, in einem Gespräch immer wieder nachzufragen:

> **Lehm:** »Du sagst doch, du kennst dich hier aus. Was ist also – arbeite ich nun selbstständig oder nicht?«
> **Lachmann:** »Klar arbeitest du selbstständig. Aber so 'n Eingruppierungsproblem ist immer eine komplizierte Geschichte. Und Marie-Louise hat das mit Sicherheit überprüft.«

Was Lachmann hier erreichen will, ist klar: Er will Lehm erst einmal etwas beruhigen (»Klar arbeitest du selbstständig.«). Aber schon im nächsten Satz zeigt sich dann, dass er das überhaupt nicht so gemeint hat (»... Eingruppierungsproblem ist immer kompliziert ...«). Dadurch wird offensichtlich, dass das mit dem »Klar!« so klar überhaupt nicht ist. Und dann provoziert Siegfried Lachmann völlig überflüssigerweise noch eine Neuauflage des Streits, indem er die Betriebsratsvorsitzende wieder ins Spiel bringt (»Und Marie-Louise hat das …«).

Nachfragen wäre auch hier viel einfacher und wirkungsvoller gewesen. Zum einen, weil man als Betriebsratsmitglied ein solches Problem so aus dem Handgelenk heraus sowieso nicht beurteilen kann. Zum anderen, um dem Gesprächspartner weiter Gelegenheit zu geben, die Sache aus seiner Sicht darzustellen. Und dann hätte das Gespräch auch so weitergehen können:

> **Lehm:** »Arbeite ich nun selbstständig oder nicht?«
> **Lachmann:** »Das ist tatsächlich die wichtigste Frage bei diesem Problem. ›Nach Anweisung arbeiten‹, das heißt ja, alles wird vorgeschrieben. ›Im Rahmen allgemeiner Anweisungen‹ heißt aber, dass du häufiger mal selbst was entscheiden musst. Richtig?«
> **Lehm:** »Richtig!«
> **Lachmann:** »Kannst du mir jetzt mal ein paar Beispiele nennen, bei welchen Gelegenheiten du selbst etwas entscheiden musst?«
> **Lehm:** »Natürlich. Wenn ich zum Beispiel …«

Hier sind gleich zwei Sachen wesentlich besser gelaufen:
- Lachmann hat versucht, den Kern eines Problems möglichst genau zu formulieren, und stellt durch eine Nachfrage sicher, dass er richtig liegt!
- Durch weiteres Nachfragen versucht er, so viele Informationen wie möglich zu bekommen, ohne sich dabei schon festlegen zu müssen!

Sogar wenn man glaubt, eine Sache auch ohne weitere Informationen beurteilen zu können, gibt man auf diese Weise dem Gesprächspartner doch die Gelegenheit, alles zu sagen, was er zu sagen hat. Und das ist zunächst einmal das Wichtigste. Deshalb:

So lange nachfragen, bis der Gesprächspartner wirklich völlig »ausgequetscht« ist!

Aber auch das allein genügt noch nicht! Die meisten Gespräche, die man als Betriebsratsmitglied führt, drehen sich um Probleme und um mögliche Lösungen für diese Probleme. Und dabei darf man nicht zu schnell sein wollen. Deshalb:

Regel 4:

Geduld, Geduld und noch mal Geduld!

Lehm: »Ich gehör in die Entgeltgruppe G und fertig!«
Lachmann: »Pass mal auf, ich erklär's dir mal, ganz einfach.«
Lehm: »Hältst du mich für doof?«
Lachmann: »Nein, natürlich nicht, aber das ist wirklich ein bisschen kompliziert. Also erst mal muss da eine Beschwerde von dir vorliegen, dass du dich ...«
Lehm: »Hast du sie nicht alle? Ich hab mich doch schon beschwert. Vor einem halben Jahr, bei deiner ...«

Eine verfahrene Situation, aber wirklich. Nichts geht mehr ohne Hieb und Gegenhieb. Das liegt natürlich daran, dass von Anfang an vieles falsch gemacht wurde. Aber immerhin, man ist jetzt doch dabei, eine Lösung für das Problem zu finden.

> **Und in dieser Phase eines Gesprächs muss man immer darauf achten, dass die verschiedenen Teile des Problems nacheinander behandelt und abgeschlossen werden!**

Das könnte in unserem Fall dann so aussehen:

Lehm: »Ich gehör in die Entgeltgruppe G und fertig!«
Lachmann: »Gut. Gehen wir mal der Reihe nach vor. Du hast dich also bei Marie-Louise beschwert, damals?«
Lehm: »Hab ich dir ja schon gesagt, ja. Aber es ist nichts passiert.«
Lachmann: »Und darüber hast du dich geärgert – das versteh ich. Ich rede mit Marie-Louise darüber und kläre die Sache. Vielleicht hat sie das ja vergessen. So was sollte nicht passieren, aber manchmal passiert's eben doch. Aber ich klär das und sag dir morgen Bescheid. Einverstanden?«

So! Das erste Teilproblem, der Ärger über die nicht bearbeitete Beschwerde, wäre damit schon mal (vorläufig) erledigt. Jetzt könnten Lachmann und Lehm in aller Ruhe und Gelassenheit das nächste Teilproblem in Angriff nehmen ...
    Bevor es gleich mit der Erarbeitung der letzten beiden Gesprächstechnik-Regeln weitergeht, soll hier eine Übung vorgestellt werden, bei der man sehr

nachdrückliche Erfahrungen zur zentralen Technik des »aktiven Zuhörens« machen kann.

Übung

Zuhören und Wiederholen?

Ziel	Erkennen, wie wichtig, aber auch wie schwierig es ist, in einem Gespräch dem Partner wirklich genau zuzuhören. Erkennen, dass es oft nützlich sein kann, wichtige Argumente des Partners zu wiederholen und sich so zu vergewissern, ihn richtig verstanden zu haben. Üben, zunächst genau zuzuhören, ehe man über seine eigenen Argumente nachdenkt.
Vorbereitung	Für die Übung werden mindestens zwei, besser noch drei Teilnehmer gebraucht. Zwei Teilnehmer übernehmen zu einem strittigen Thema jeweils eine Pro-/Contra-Position. Der dritte Teilnehmer (wenn es ihn gibt) übernimmt die Rolle des Beobachters, der aufpasst, dass bei der Gesprächsübung alle Regeln (siehe Ablaufbeschreibung) eingehalten werden. Es wird ein Pro-/Contra-Thema festgelegt. Um »echten« Streit zu vermeiden und weil es sein kann, dass einer der Partner im Gespräch eine Position vertreten muss, die eigentlich nicht seine ist, sollten die Themen so gewählt werden, dass einem für beide Seiten Argumente einfallen – Beispiele: • Kleinkinder in die Kinderkrippe – der Idealfall? • Studiengebühren für den Hochschulbesuch? • Ganztagsschulen als Regelfall? • Einführung einer Wahlpflicht? • Pendlerpauschale endgültig abschaffen? • Geschwindigkeitsbegrenzung auf der Autobahn auf 120 km/h? Für die Auswertung kann es auch nützlich sein, das Gespräch auf Video aufzuzeichnen.
Ablauf	Die beiden Pro-/Contra-Partner sitzen sich (ohne Tisch) gegenüber. Nur der Beobachter darf sich Notizen machen. Der Vertreter der Pro-Position bringt sein erstes Argument vor (maximale Rededauer: eine halbe Minute). Contra darf aber nicht sofort antworten, sondern muss erst einmal versuchen, das von Pro vorgebrachte Argument sinngemäß zu wiederholen. Erst wenn Pro die Korrektheit dieser Wiederholung bestätigt hat, darf Contra sein Gegenargument

	vorbringen. Und so geht es immer weiter: Pro wiederholt, Contra bestätigt (oder auch nicht), Pro bringt sein nächstes Argument vor, Contra wiederholt . . . Dauer der Übung: ca. 10 Minuten. Danach kann sie mit vertauschten Rollen oder einem anderen Thema wiederholt werden. Ist man zu dritt, sollte es drei Durchgänge geben, sodass jeder Teilnehmer einmal in der Rolle des Beobachters war.
Auswertung	Wie leicht oder schwer ist das Zuhören/Wiederholen gefallen und wie gut ist es gelungen? Warum war es oft schwierig, die gegnerischen Argumente relativ genau zu wiederholen? (Achtung: Es kommt oft vor, dass die Korrektheit einer Wiederholung bestätigt wird, obwohl dies objektiv gar nicht stimmt.) Wie kann man die Erkenntnisse aus dieser Übung speziell für betriebsratstypische Gesprächssituationen anwenden?

Regel 5:

Keine Patentrezepte anbieten

Für diese Regel müssen wir für einen Augenblick von unserem Beispielgespräch weggehen und einen Fehler aufgreifen, den unser Siegfried Lachmann **nicht** gemacht hat – weil er dazu bei diesem Gespräch gar keine Gelegenheit hatte. Es ist aber ein Fehler, der – gerade von Betriebsratsmitgliedern – sehr oft gemacht wird. Und so kann es dazu kommen:

Eine Kollegin spricht ein Betriebsratsmitglied an und beginnt auch gleich, ihr Problem zu erklären. Sofort geht es im Kopf des Betriebsratsmitglieds los: »Das gleiche Problem hatte ich doch vor einem halben Jahr schon mal. Damals habe ich doch . . .« Und schon sprudelt man los: »Du! Das Problem, das kenn ich. Also, da machen wir mal Folgendes . . .« Oder: »Genau das ist mir auch schon mal passiert. Ich mach das dann immer so . . .«

Wie schön! Problem erkannt – Problem gelöst! Schließlich kommt die Kollegin ja, weil sie für ihr Problem eine Lösung erwartet. Und die kriegt sie nun auch – je schneller desto besser, man hat schließlich noch mehr zu tun.

In Wirklichkeit aber verhält sich das gar nicht so. Die Kollegin, die zum Betriebsrat kommt, erwartet eben nicht nur eine rasche Lösung ihres Problems. Sie erwartet vor allem, dass man sich mit ihrem Problem sorgfältig beschäftigt.

Außerdem: Ist die Lösung, die einem auf Anhieb einfällt, wirklich die beste? Jeder Fall liegt doch immer etwas anders ... Und besonders heikel: die eigenen Erfahrungen, das was »man selber immer tut«, dieses »Weißt du, ich würde da ...«

Dabei will die ratsuchende Kollegin überhaupt nicht wirklich wissen, wie das Betriebsratsmitglied an ihrer Stelle handeln würde. Sie ist ein ganz anderer Mensch. Sie hat ihre eigenen Stärken und Schwächen. Und sie braucht eine Problemlösung, die **für sie** richtig ist. Erfahrungen, die man selber gemacht hat, Verfahren, die man selber anwendet, lassen sich nur höchst selten einfach so auf andere Menschen übertragen.

Und außerdem steht die Ratsuchende auch noch etwas blöd da, weil es plötzlich so aussieht, als sei ihr Problem, das sie allein nicht hat lösen können, »eigentlich ganz einfach«. Das hört niemand gerne – abgesehen davon, dass es meistens auch gar nicht stimmt.

Natürlich kann man eigene Erfahrungen oder Beispiele einbringen in ein solches Gespräch, aber immer nur als Vorschlag, als Anregung und nicht als die einzig mögliche und richtige Lösung (»... der Nächste bitte!«). Also:

Man verzichtet darauf, sofort mit Patentlösungen zu kommen oder auf eigene Erfahrungen hinzuweisen! Man sucht gemeinsam mit dem Gesprächspartner nach einer Lösung, die für ihn die richtige ist!

Regel 6:

Hilfe zur Selbsthilfe!

Patentlösungen sollte man schon allein deshalb nicht anbieten, weil sich ein Gesprächspartner oft selber schon überlegt hat, wie sein Problem vielleicht zu lösen wäre. Er ist aber noch etwas unsicher und sucht nun nach einer Bestätigung.

Deshalb sollte man also immer erst fragen, ob der Gesprächspartner schon eigene Vorschläge hat, wie sein Problem zu lösen sein könnte, ob schon etwas gemacht wurde und wie das funktioniert (oder eben nicht funktioniert) hat!

Dabei muss ja nicht das ganze Problem auf einmal erledigt werden. Fast immer ist es viel besser, nur den ersten Schritt zu diskutieren. Dazu wieder ein Beispiel aus dem Gespräch zwischen Lachmann und Lehm:

> Lachmann: »Da muss es also eine offizielle Beschwerde geben. Dann können wir die als Betriebsrat aufgreifen und können mit der Geschäftsleitung darüber verhandeln. Das Problem ist nur, dass wir da kein richtiges Mitbestimmungsrecht haben. Und wenn der Alte nicht mitspielt, dann musst du selber ran und in einer Feststellungsklage ...«
>
> Lehm: »Was für 'ne Klage?«
>
> Lachmann: »Du musst selber beim Arbeitsgericht klagen, dass du richtig eingruppiert wirst. Das können wir als Betriebsrat nicht für dich machen.«
>
> Lehm: »Na – nun lach ich mich aber schlapp. Wenn ich sowieso alles allein machen muss, wofür brauch ich dann 'n Betriebsrat?«

Da hat er ja nicht ganz unrecht, unser Horst Lehm – so auf den ersten Blick betrachtet. Obwohl: Juristisch ist das, was Lachmann gesagt hat, vollkommen korrekt. Anders ist das nicht zu machen. Leider. Aber gerade deswegen wäre es besser gewesen, man hätte die Sache anders angepackt – immer schön Schritt für Schritt:

> **Lachmann: »Erst mal muss es von dir eine offizielle Beschwerde geben.«**
>
> **Lehm: »Die gibt's ja schon.«**
>
> **Lachmann: »Richtig. Aber besser wäre es, wenn wir das noch mal schriftlich festhalten. Das machen wir am besten gleich, wenn du einverstanden bist.«**
>
> **Lehm: »Klar, hat ja schon lange genug gedauert.«**
>
> **Lachmann: »Dann werden wir im Betriebsrat darüber reden und den Beschluss fassen, dass wir in deiner Sache mit der Geschäftsleitung verhandeln. Nach dem, was du mir erzählt hast, ist das ja kein Problem. Aber reden müssen wir natürlich doch darüber im Betriebsrat. Wie ist das – willst du selber noch mal in die Betriebsratssitzung kommen und deine Sache vortragen oder soll ich das für dich tun?«**
>
> **Lehm: »Ich weiß nicht ...«**
>
> **Lachmann: »Überleg mal, was dir lieber wäre.«**
>
> **Lehm: »Vielleicht ist es doch besser, wenn ich selber ...«**
>
> **Lachmann: »Find ich gut, und wir sollten das dann auch so machen. Unsere nächste Sitzung ist Donnerstag, du bekommst dann noch eine ...«**

Na bitte. Damit ist das Kind doch geschaukelt. Schön langsam, eins nach dem anderen und immer konkret. Und stets im Einverständnis mit dem Gesprächspartner. Der sagt jetzt bestimmt nicht mehr: »Trotzdem – Scheiß-betriebsrat!«

Und mit diesen »Werkzeugen« hat es in der letzten Phase dann doch noch geklappt:

> **Kleine Lösungsschritte anbieten, um den Gesprächspartner nicht zu überfordern. Immer nur einen Schritt nach dem anderen behandeln!**

> **Jeden Lösungsschritt ganz genau formulieren und sich vergewissern, dass der Gesprächspartner das auch tatsächlich verstanden hat und (mit)machen will!**

> **Wenn es nötig ist – weitere Termine konkret vereinbaren!**

Die wichtigsten Regeln auf einen Blick

Zuhören ...

- Das Wichtigste bei einem Beratungsgespräch ist es nicht, selber zu reden, sondern genau und geduldig zuzuhören!
- Dabei immer Blickkontakt halten!
- Auch durch die Körperhaltung klar zeigen, dass man aufmerksam bei der Sache ist!

Nachfragen ...

- Versuchen, das Wesentliche von dem herauszufinden, was der Gesprächspartner mitteilen will (oder manchmal auch nicht mitteilen will)!
- Nicht auf Angriffe, provozierende Behauptungen und Reizwörter reagieren, sondern nachfragen!

Geduld ...

- Nicht auf eine sofortige Lösung des Problems drängen!
- Keine Patentlösungen oder eigene Erfahrungen anbieten! Aber: Beispiele bringen!
- Immer nur einen Teilaspekt des Problems auf einmal behandeln!
- Wenn eine Einzelheit geklärt ist, diese zusammenfassen, ehe es weitergeht!

Hilfe zur Selbsthilfe ...

- Den Gesprächspartner nach eigenen Lösungsvorstellungen fragen!
- Lösungsmöglichkeiten gemeinsam erarbeiten!
- Unterschiedliche Möglichkeiten diskutieren!
- Immer nur kleine Lösungsschritte anbieten und einzeln diskutieren!
- Keine Überforderung des Gesprächspartners!
- Alles Vereinbarte genau formulieren!
- Sich vergewissern, dass man sich tatsächlich einig ist!

Teil 2
Sitzungen leiten – strukturiert, verbindlich, aufmerksam

Wenn in der Überschrift oben von »Sitzungen leiten« die Rede ist, dann ist das nicht ganz wörtlich zu nehmen. Auch wer (noch) nicht die Aufgabe hat, die Sitzung eines Ausschusses oder des ganzen Betriebsrats zu leiten, sollte doch über die wichtigsten Techniken der Diskussionsleitung Bescheid wissen. Erstens könnte man ja schneller in diese Verlegenheit kommen als man so denkt, zweitens kann man sich wirksamer und konstruktiver an den Sitzungen beteiligen (was wiederum den Diskussionsleiter freuen dürfte).

Andererseits: Jeder, der in einem Betriebsrat oder einem vergleichbaren Gremium mitarbeitet, wird wissen, wie das in der Praxis oft läuft mit den Diskussionen. Es reden vor allem die mit, die irgendwie an der Vorbereitung der Diskussionsthemen beteiligt waren. Und eventuell auch noch die, die aus irgendeinem Grunde an dem gerade anstehenden Problem persönlich interessiert sind. Vielleicht gibt es sogar noch ein paar von denen, die immer und zu allem etwas zu sagen haben, egal, um was es geht – Motto: »Es ist zwar schon alles gesagt worden, aber noch nicht von jedem.«

Es soll allerdings auch vorkommen, dass der Vorsitzende eines Gremiums die gesamte »Diskussion« weitgehend allein bestreitet. Gerade in kleineren Betriebsratsgremien ist das nicht einmal so selten der Fall. Das mag daran liegen, dass der eine oder andere Vorsitzende nur daran interessiert ist, schnell durch die Tagesordnung zu kommen und seine eigene Meinung möglichst unverändert durchzubringen. Spricht man allerdings mit Betriebsratsvorsitzenden über die meist schlechte Diskussionsbeteiligung, beurteilen diese die Frage ganz anders ...

Aber wie auch immer: Die Wahrheit liegt wahrscheinlich – wie so oft – irgendwo in der Mitte. Oder anders ausgedrückt: Vorsitzende und Betriebsratsmitglieder haben sich oft in eine Art »Teufelskreis« hinein manövriert, aus dem sie allein nur noch schwer herauskommen können.

Machen wir ein Beispiel: Da haben wir einen Betriebsratsvorsitzenden, dem gerade frisch eine Mitteilung des Arbeitgebers auf den Tisch geflattert ist. Pflichtbewusst liest er diese natürlich sorgfältig durch und denkt ein bisschen darüber nach. Dann blättert er schon mal etwas im Betriebsverfassungsgesetz herum, besieht sich die Sache vielleicht sogar vor Ort und ruft bei seiner Gewerkschaft an, um sich dort Rat zu holen. Alsdann setzt er das Thema auf die Tagesordnung der nächsten Betriebsratssitzung und stellt dort das Problem kurz zusammengefasst zur Diskussion: »Möchte jemand etwas dazu sagen? Was ist eure Meinung dazu?« Schweigen im Walde. Der Vorsitzende holt weiter aus, erklärt näher, fragt noch einmal. Immer noch nichts. Und dabei hat er sich doch so viel Mühe gegeben. Was ja auch stimmt.

Und der Gipfel ist: Hintenherum hört er dann, dass sich ein paar von »seinen« Betriebsratsmitgliedern auf einem Seminar beklagt haben, er sei ein »autoritärer Knochen« und lasse Diskussionen gar nicht erst aufkommen. Tja, so spielt das Leben ... Aber: Wie konnte es zu einer solchen Situation kommen?

Nun, der Vorsitzende hat bei all seinen (durchaus lobenswerten) Bemühungen vergessen, dass er den anderen gegenüber einen gewaltigen Informationsvorsprung hat. Er wusste lange vor der Betriebsratssitzung, was konkret zur Diskussion anstehen würde. Er hat darüber nachdenken können und alles Informationsmaterial vorher gelesen. Eigentlich sollte er sich also nicht wundern, wenn sich die anderen Betriebsratsmitglieder nicht an der Diskussion beteiligt haben. **Sie** wurden durch die zur Diskussion gestellten Themen überrascht. **Sie** waren uninformiert oder sind erst vor wenigen Augenblicken informiert worden. Es ist also eigentlich ganz klar, dass sie sich nicht sofort zu dem Thema äußern können oder mit dem, was sie sagen, vielleicht völlig daneben liegen.

Das kann ein Vorsitzender so aber meist nicht sehen. Er sieht nur einen Kreis von »Schweigern« vor sich und ärgert sich darüber, dass **die** »kein Interesse« haben. Und wenn er das mehrfach erlebt hat, erreicht er eines Tages eben den Punkt, an dem er sich dann wirklich nicht mehr ernsthaft um eine Diskussion bemüht ... Kurzum:

> **Das Beherrschen einiger Spielregeln der Diskussionsleitung allein wird noch keine lebendigen Sitzungen garantieren, auch die organisatorischen Voraussetzungen müssen stimmen!**

Von entscheidender Bedeutung – die Vorabinformation

Eigentlich ist es doch selbstverständlich: Wer in einer Betriebsratssitzung mitdiskutieren soll, muss rechtzeitig vorher informiert worden sein.

Ein Mittel dazu ist die Tagesordnung, die die Diskussionsteilnehmer vor der Sitzung zusammen mit der Einladung zugestellt bekommen. Darauf haben Betriebsratsmitglieder sogar einen Rechtsanspruch – und zwar nicht auf irgendeine 08/15-Standard-Tagesordnung mit immer den gleichen Punkten, sondern auf eine detaillierte Themenübersicht, die erkennen lässt, was in der Sitzung konkret angesprochen werden soll.

Der allgemein sehr beliebte Tagesordnungspunkt »Personelles« (um nur ein Beispiel herauszugreifen) genügt da also keinesfalls. Die Betriebsratsmitglieder müssen vielmehr erfahren, welche konkreten Fälle zu behandeln sein werden (zum Beispiel: »Krankheitsbedingte Kündigung E. Jansen, Verkauf«). Andernfalls würde der tatsächliche Sitzungsverlauf eher einer Wundertüte gleichen – jeder Tagesordnungspunkt eine Überraschung.

Natürlich kann und soll eine Tagesordnung nur Stichwort-Informationen enthalten. Sind diese klar genug, bieten sie aber doch die Chance, schon vor der Sitzung zu einem interessanten Thema nachzufragen, irgendwo nachzublättern, sich erste Gedanken zu machen. Und das wäre schon eine ganze Menge ... Es muss aber noch etwas hinzukommen – Beispiel:

In einer Betriebsratssitzung soll über eine Mitteilung des Arbeitgebers gesprochen werden, die dieser dem Betriebsratsvorsitzenden übermittelt hat. Aber wie sehr sich der Vorsitzende (oder vielleicht auch der Schriftführer) auch bemühen mag: In der Tagesordnung wird man keinesfalls alle die Informationen unterbringen könne, die die Mitglieder brauchen, um vernünftig vorbereitet über den Arbeitgeberbrief sprechen zu können. Das Gleiche gilt etwa für einen gerade durch einen Ausschuss fertiggestellten Betriebsvereinbarungsentwurf, für Planungsunterlagen zu Rationalisierungsprojekten und für vieles andere mehr.

Meist werden solche Originalunterlagen deshalb auch zu Beginn des entsprechenden Tagesordnungspunkts in Kopie an die Sitzungsteilnehmer verteilt. Manchmal – etwa im Falle eines Briefes – werden Informationen zumindest vorgelesen oder der Vorsitzende bemüht sich um eine mündliche Zusammenfassung. In jedem Fall bedeutet das aber, dass von den Betriebsratsmitgliedern erwartet wird, auf diesem Weg zum Teil umfangreiche und oft auch noch komplizierte Informationen aufzunehmen und zu verstehen. Und zwar so genau zu verstehen und im Gedächtnis zu speichern, dass sie sich in der dann anschließenden Diskussion darauf beziehen, eine erste Meinung äußern oder gezielte Fragen stellen können.

Wer das können soll, der muss entweder ein Gedächtniswunder sein oder sehr geübt im schnellen Mitschreiben. Was allerdings auf die meisten Menschen nicht zutrifft. Deshalb gilt:

> **Alle Informationen über wichtigere und kompliziertere Themen müssen jedem Sitzungsteilnehmer schriftlich vorliegen – und zwar rechtzeitig vor der Sitzung!**

Sicherlich wäre es besser als nichts, wenn Informationen wenigstens während der Sitzung allen Diskussionsteilnehmern vorgelegt würden. Sie könnten sich dann immerhin kurz noch etwas durchlesen, anstreichen oder sich Notizen machen. Aber eine wirkliche Vorbereitung ist wohl nur dann möglich, wenn man das Material **einige Tage vor der Sitzung** in den Händen hat.

Gegen ein solches, eigentlich ja sofort einleuchtendes Verfahren gibt es in der Praxis dennoch massive Vorbehalte und Einwände: »Klar, das könnten wir machen. Aber in der Sitzung stellt sich dann heraus, dass doch keiner oder nur ganz wenige das auch gelesen haben.« Oder: »Manchmal sind das doch Informationen, die gar nicht an die Öffentlichkeit dürfen. Und die Betriebsratsmitglieder lassen die nachher am Arbeitsplatz liegen und jeder guckt da rein!«

Nun, es mag durchaus so sein, dass die zugestellten Unterlagen (zunächst) ihren Zweck nicht erreichen, weil sie gar nicht gelesen werden – schade ums Papier. Aber trotzdem: Entscheidend ist, dass bei einem solchen Verfahren jeder zumindest **die Chance** hat, sich vorab zu informieren. Tut er dies nicht, liegt das in **seiner** Verantwortung!

Aber auch wenn das Problem der oft schlechten Diskussionsbeteiligung durch eine solche organisatorische Maßnahme nicht wirklich gelöst wird (jedenfalls nicht sofort), ist eine gute Vorabinformation dennoch die Voraussetzung für jede lebendige Diskussion:

> **Ohne klare Vorabinformationen werden auch alle anderen Maßnahmen zur Diskussionsbelebung wirkungslos bleiben!**

Auch das zweite, das bekannte und beliebte »Geheimhaltungsargument«, ist durchaus ernst zu nehmen – obwohl viele Betriebsräte dazu neigen, die Geheimhaltung gewaltig zu übertreiben. Denn genau betrachtet fallen ja nur ganz wenige Informationen tatsächlich unter die Geheimhaltungspflicht des § 79 BetrVG.

Andererseits gibt es durchaus Situationen, in denen ein Betriebsrat mit Recht vermeiden möchte, dass eine brisante Information zu früh und auf unkontrollierten Wegen an die Öffentlichkeit kommt. Aber wer wirklich und ganz ernsthaft eine schriftliche Vorabinformation an alle Betriebsratsmitglieder als feste Einrichtung will, der wird auch Wege dazu finden, die zugleich dem

Geheimhaltungsbedürfnis Rechnung tragen. Einige Betriebsräte haben das zum Beispiel so gelöst, dass jedes Betriebsratsmitglied im Betriebsratsbüro oder im Betriebsratsschrank ein eigenes kleines Postfach hat, wo jeder von Zeit zu Zeit mal nachschaut, ob etwas für ihn angekommen ist. Und wenn dann jedes Betriebsratsmitglied auch eine kleine Handakte dort deponiert hat, verlassen solche Informationen das Betriebsratsbüro überhaupt nicht.

Eine gute Diskussion braucht ihre Zeit

Betriebsratssitzungen werden in den meisten Betrieben regelmäßig einberufen, in kleineren Betrieben meist einmal im Monat, in größeren alle 14 Tage oder jede Woche. Nicht einmal ganz so selten treffen sich Betriebsräte aber auch nur »nach Bedarf«.

Aber wie der einzelne Betriebsrat das auch immer geregelt haben mag – meistens gibt es zu wenige Betriebsratssitzungen! Das sieht man oft schon an der Anzahl der Themen auf den Tagesordnungen. Fast immer sind sie viel zu zahlreich, um zu jedem Punkt die eigentlich notwendige intensive Diskussion zuzulassen. Die Folge: Man hetzt durch die Tagesordnung, weil man sich selber unter Zeitdruck gesetzt hat! Und auch hier haben wir es mit einem Teufelskreis zu tun:

Weil die Bereitschaft der Betriebsratsmitglieder, ein Thema ausführlich zu diskutieren, aus verschiedenen Gründen nicht da ist, oder weil der Vorsitzende nicht die Fähigkeit besitzt, eine solche ausführliche und intensive Diskussion in Gang zu bringen und zu leiten, benötigt man für einzelne Tagesordnungspunkte tatsächlich immer nur wenig Zeit. Man hört sich an, was der Vorsitzende zu sagen hat, was er vorschlägt. Ein paar Fragen. Abstimmung. Fertig. Nächster Tagesordnungspunkt.

Anders herum betrachtet ist es aber so, dass sich das einzelne Betriebsratsmitglied oft nicht traut, eine unklare Frage anzupacken und auf ihrer Diskussion zu beharren, weil es ja genau weiß, wie knapp die Zeit immer ist. Dieser selbstauferlegte Druck ist den meisten nicht einmal bewusst, wirkt aber dennoch.

Man hat sich an den Zeitdruck gewöhnt, kalkuliert ihn von vornherein ein und hält ihn für selbstverständlich. Was nur zu ändern ist, wenn die regelmäßigen Sitzungen in wesentlich kürzeren Zeitabständen stattfinden – mindestens wöchentlich!

Das hätte zunächst zur Folge, dass die Tagesordnungen kürzer werden. Damit wäre dann auch die Zeit da, die einzelnen Themen ausführlicher (ausführlich genug!) zu diskutieren. Und wenn es wirklich einmal nicht so viele Themen gibt, nun, dann werden die Sitzungen eben kürzer. Entscheidend ist allein, dass man länger diskutieren **könnte**, wenn es nötig ist.

Finden Sitzungen häufiger und mit kürzeren Tagesordnungen und weniger Zeitdruck statt, wird man oft auch feststellen, dass plötzlich Probleme, Erfahrungen und Beobachtungen angesprochen werden, die bisher nie zur Sprache gekommen sind. Und das ist gut so. Denn viele dieser scheinbaren Kleinigkeiten, die dabei ans Tageslicht kommen, stellen sich bei näherem Hinsehen als durchaus wichtig heraus.

Um die Voraussetzungen für eine lebendige Diskussion zu verbessern, ist es aber nicht nur wichtig, Zeitdruck zu vermeiden, auch der **Zeitpunkt** für die Diskussionen – also für die Betriebsratssitzungen – hat Auswirkungen auf die Diskussionsbereitschaft:

Beginnt eine Sitzung eine Stunde vor Feierabend, ist doch eigentlich klar, was dann passieren muss. Egal wie viele Tagesordnungspunkte es auch gibt und wie wichtig diese sein mögen, mindestens für einige Diskussionsteilnehmer ist der Feierabend eine so magische Zeitgrenze, dass sie sich auf jeden Fall bemühen werden, vorher fertig zu sein. Und das gelingt natürlich am besten, wenn man erstens selber nichts sagt und zweitens die anderen möglichst noch behindert: »Na ja, man kann ja über alles stundenlang diskutieren, aber das hier bringt nun wirklich nichts mehr. Machen wir nun Schluss!«

Außerdem wäre es doch sehr optimistisch, am Ende eines meist anstrengenden Arbeitstages noch zu erwarten, dass alle Diskussionsteilnehmer in der Lage sind, sich mit ausreichender Konzentration und echtem Engagement an der Diskussion zu beteiligen. Deshalb:

Betriebsratssitzungen sollten möglichst am Anfang der Arbeitszeit stattfinden (zumindest für die Mehrheit der Mitglieder)!

Das ist natürlich nicht immer leicht zu erreichen. Etwa, wenn die Betriebsratsmitglieder in verschiedenen Schichten arbeiten, wenn die Arbeitszeiten sehr unterschiedlich liegen oder wenn Verkaufsfahrer oder Außendienstler mit im Betriebsrat sitzen. Dann muss man darüber nachdenken, was die verhältnismäßig günstigste Zeit für die Mehrheit der Betriebsratsmitglieder ist.

Mehr zu den hier nur kurz angesprochenen technisch-organisatorischen Fragen findet sich übrigens im Band 1 der Kleinen Betriebsrats-Bibliothek: »Die Betriebsratssitzung: Jetzt geht's ran!« (Bund-Verlag, 2010).

Wobei Fragen wie Information, Ort und Zeit nur den **Rahmen** für eine gute Diskussion stellen – nicht mehr und nicht weniger. Im Folgenden soll es nun darum gehen, wie man (als Diskussionsleiter) diesen Rahmen nutzen kann, um eine lebendige, zielorientierte, faire und offene Diskussion sicherzustellen.

Einstieg und Gliederung

Den meisten wird es merkwürdig vorkommen, aber gerade in kleineren Betriebsratsgremien ist es immer wieder ein durchaus ernst gemeintes Thema: »Brauchen wir überhaupt einen richtigen Diskussionsleiter?«

Das typische Argument ist: »Also, bei uns im Betriebsrat, bei den sieben Figuren, da brauchen wir nun wirklich keinen Diskussionsleiter. Das läuft doch auch so. Der Vorsitzende – klar, der macht das so 'n bisschen nebenbei, wenn's mal allzu sehr durcheinander geht. Aber sonst kann jeder losreden, dem was einfällt. Rednerliste und so – das würde uns ja nur hemmen.« Ganz unverständlich ist das nicht, aber dennoch falsch:

> **Jede Diskussion braucht einen Leiter – selbst wenn nur drei Leute daran beteiligt sind!**

Eine Diskussion mit nur drei Leuten zu leiten ist selbstverständlich leichter, als wenn man 21 oder mehr Betriebsratsmitglieder »im Griff« behalten muss. Eine Diskussionsleitung ist aber immer und auf jeden Fall **notwendig**. Denn schon wenn nur ganz wenige Leute zusammen diskutieren, können diese mühelos aneinander vorbeireden, sie springen von einem Thema zum anderen, ohne ein einziges auszudiskutieren, kommen vom Hundertsten ins Tausendste. Immer dieselben führen das große Wort, der Schüchterne kann sich gegen den Vielredner nicht durchsetzen und so weiter und so fort ... Für den Betriebsrat ist die Frage der Diskussionsleitung übrigens sogar gesetzlich geregelt:

> **Der Betriebsratsvorsitzende leitet die Betriebsratssitzung (§ 29 BetrVG); ein Abweichen von dieser Regel ist nur zugelassen, wenn der Vorsitzende verhindert ist!**

Aber Gesetz hin, Gesetz her – wenn alle einverstanden sind, kann man das natürlich doch einmal anders machen. So spricht einiges dafür, dass bei bestimmten Tagesordnungspunkten etwa ein Mitglied des zuständigen Ausschusses die Diskussionsleitung übernimmt. Das hätte außerdem noch den Vorteil, dass sich mehr Betriebsratsmitglieder mit dieser Rolle vertraut machen können. Und so ließe sich dann verhindern, dass sich bei Ausfall des Vorsitzenden plötzlich große Hilflosigkeit breitmacht und das totale Chaos ausbricht. Aber kommen wir zur eigentlichen Diskussionsleitung:

Um die dabei zu lösenden Probleme anschaulich zu machen, wird es (wie im ersten Teil dieses Buchs auch) immer wieder Beispiele für eine verbesserungswürdige Diskussionsleitung geben. Dafür nehmen wir einfach einmal an, dass unser Betriebsrat alles das, was bisher schon vorgeschlagen wurde, tatsächlich berücksichtigt und genau so gemacht hat.

Drei Tage vor der Betriebsratssitzung sind jedem Betriebsratsmitglied Einladung und Tagesordnung zugegangen. Als Anlage war jeweils eine Kopie des Schreibens beigefügt, in dem der Arbeitgeber mitteilt, dass er die Absicht hat, ein Produktions-Planungs-und-Steuerungssystem (PPS) einzuführen. Die Sitzung beginnt an einem Montagmorgen um 8.oo Uhr, alle Betriebsratsmitglieder sind ausgeschlafen und munter. Das Protokoll der letzten Betriebsratssitzung ist verlesen und genehmigt. Jetzt ist Tagesordnungspunkt 2 dran. Alle haben ihre Unterlagen, Papier und Schreiber vor sich liegen. Und es geht los. Der Betriebsratsvorsitzende beginnt:

> Hans-Werner Kuhlbusch: So, liebe Kolleginnen, liebe Kollegen, alle haben ja die zugesandten Unterlagen erhalten und gelesen. Es geht um das geplante PPS ...
> Allgemeines Kopfnicken.
> ... Dann wissen ja alle Bescheid. Gibt's denn was zu sagen dazu? 'ne erste Einschätzung vielleicht?

Jetzt gibt es zwei Möglichkeiten, wie es weitergehen könnte. Entweder so: Keiner sagt etwas, und alle schauen den Vorsitzenden etwas hilflos an. Oder es passiert dies:

> Karl Schultz: Also, ich find' das von vorn bis hinten beschissen. Das sieht doch 'n Blinder, worauf das rausläuft. Absolute Kontrolle praktisch für alle und jeden. Ich sag' nur: gläserne Arbeitnehmer!
> Ingrid Lehm: Aber auch sonst ... Das hört sich ja erst mal ganz gut an. Arbeitserleichterung für alle! Aber wenn zum Beispiel der Produktionsplan automatisch erstellt wird und wenn jeder jede Information am Bildschirm abrufen kann, brauchen wir dann überhaupt noch 'n Meister? Wofür denn?

Hans-Werner Kuhlbusch: Richtig! Kermel schreibt hier zwar, dass die dann mehr Zeit für die eigentliche Vorgesetztentätigkeit haben sollen – Überwachung, Beratung und so ... Aber Horst, du wolltest was sagen ...

Horst Blüm: Ja. Danke. Wenn ich mir das ansehe, dann stelle ich erst mal fest, dass uns der Junior schon wieder vor vollendete Tatsachen stellt. Seine Planung ist bereits fix und fertig. Das passiert doch jetzt zum x-ten Mal, dass der uns nicht rechtzeitig über so etwas informiert. Ich frag mich, wie lange wir uns das noch bieten lassen wollen?

Karl Schultz: Genau! Genau! Und hier – guckt euch das doch mal an. Jeder muss sich mit 'ner Chip-Karte an der Maschine anmelden. Da muss man doch über jede Sekunde Rechenschaft ablegen, auch wenn man bloß mal – auf Deutsch gesagt – pinkeln gehen muss.

Hans-Werner Kuhlbusch: Das sind, glaub ich, alles ganz wichtige Punkte, die hier gekommen sind. Aber über eins müssen wir uns doch klar sein. Wenn diese Daten alle gesammelt und ausgewertet worden sind – Schwachstellenanalyse, wie das hier so schön heißt – was passiert dann? Änderungen in der Arbeitsorganisation und mehr Hetze. Vielleicht werden sogar Maschinen stillgelegt und dann Entlassungen. Das ist doch das Wichtigste.

Und so geht das dann weiter, wenn – was ja wünschenswert ist – überhaupt eine Diskussion zustande kommt. Was ist da passiert? Der Vorsitzende ist – zu Recht – davon ausgegangen, dass alle die Unterlagen gelesen haben und wissen, um was es geht. Er benennt deshalb nur den Tagesordnungspunkt und fordert zu Meinungsäußerungen auf.

Nun sind die Unterlagen der Betriebsratsmitglieder aber ziemlich umfangreich. Sie enthalten viele verschiedene Informationen. Es gibt also jede Menge unterschiedliche Ansatzpunkte für eine Diskussion. Wo aber anfangen? Und diese Hilflosigkeit gegenüber der Themenfülle wird mit ziemlicher Sicherheit dazu führen, dass trotz der (richtigen und wichtigen!) Vorabinformation keine Wortmeldung kommt. Oder dass sich jedes Betriebsratsmitglied einen Punkt aus den Unterlagen rauspickt, der ihm aus unterschiedlichen – oft ganz persönlichen – Gründen besonders wichtig erscheint.

Man hört dabei dann auch gar nicht auf das, was die anderen sagen, sondern reitet immer nur auf seinem Steckenpferd herum. Und so kann ein Gremium mühelos und stundenlang sehr engagiert diskutieren, ohne dass irgendetwas Greifbares dabei heraus käme. Deshalb:

Regel 1:

Der Diskussionsleiter beginnt mit einer kurzen Einführung in das Thema!

Obwohl alle Diskussionsteilnehmer schon informiert sind, fasst der Diskussionsleiter in seiner Einführung die Punkte zusammen, die jetzt zu diskutieren sind – so zum Beispiel:

> **Hans-Werner Kuhlbusch: Wir kommen zum Tagesordnungspunkt 2. Allen liegt das Schreiben des Arbeitgebers vor. Darin wird vorgeschlagen, dass ab Anfang des kommenden Jahres ein Produktions-Planungssystem eingesetzt werden soll – erst mal probehalber, behauptet er jedenfalls. Tatsache ist, dass uns allen, glaube ich, noch nicht in jeder Einzelheit klar ist, wie ein solches System überhaupt funktioniert und was es alles kann oder auch nicht kann. Vorerst steht nur fest, dass praktisch alle Produktionsprozesse mit dem System geplant, gesteuert und überwacht werden sollen. Zum Einsatz soll dabei das System MyPPS kommen, das auch die Möglichkeit einer Internet-Anbindung bietet ...**

Eine solche Zusammenfassung erleichtert die Konzentration auf das wirklich Wichtige. Sie ruft Fakten und Informationen in die Erinnerung und gibt damit Gelegenheit, sich auf die beginnende Diskussion innerlich einzustellen. Denn trotz der bereits zur Kenntnis genommenen schriftlichen Informationen fühlt man sich als Diskussionsteilnehmer meist doch überfordert, wenn man ohne die Gelegenheit zum nochmaligen Durchdenken des Themas sofort unter den Druck gesetzt wird, sich zu äußern. Kurzum:

> **Eine auf das wirklich Wesentliche beschränkte Zusammenfassung ist für eine beginnende Diskussion immer wichtig, auch wenn diese Punkte den Diskussionsteilnehmern im Prinzip schon bekannt sind!**

Allerdings liegt in einer solchen Einführung auch eine Gefahr. Dann nämlich, wenn sie so aussieht:

> Hans-Werner Kuhlbusch: Ich schlage also vor, dass wir jetzt zum nächsten Tagesordnungspunkt übergehen. Ihr wisst, dass der Arbeitgeber ein Produktions-Planungssystem einführen will – erst mal zur Probe. Ziel der Ak-

tion ist unter anderem, dass in Zukunft die ja bereits gespeicherten Auftragsdaten auch für die Erstellung des Produktions- und Maschineneinsatzplans benutzt werden. Das vermeidet zeitraubende Routinearbeiten und führt natürlich zu präziseren Planvorgaben. Ich meine, wir haben uns ja auch in der Vergangenheit dem technischen Fortschritt nicht in den Weg gestellt und das sollten wir dann auch hier nicht tun ...

Na ja, das ist natürlich nicht nur eine Zusammenfassung, das ist bereits eine klare Bewertung, die den Diskussionsspielraum der anderen Gremienmitglieder stark einengen könnte. Eine abweichende Meinung kann jetzt nur noch um den Preis geäußert werden, dass man das Risiko eines Konflikts mit dem Vorsitzenden eingeht. Und das fällt vielen Betriebsratsmitgliedern viel schwerer, als wenn sie zunächst ganz unbelastet ihre Meinung sagen können.

> **Natürlich darf, soll, ja muss der Diskussionsleiter seine eigene Meinung in die Diskussion einbringen und dort vertreten! Aber das sollte möglichst nicht schon in der Einführung geschehen, sondern erst dann, wenn die Diskussion bereits in Gang gekommen ist!**

Die Einführung soll also einer Diskussion die mögliche Richtung aufzeigen, sie aber nicht einengen. Sie soll deshalb die mögliche Bandbreite des Themas noch einmal kurz aber vollständig zusammenfassen. Ehe dann jedoch »richtig« drauflos diskutiert wird, ist noch etwas anderes zu tun:

Regel 2:

Die Reihenfolge der Diskussionspunkte wird festgelegt! Das Thema bekommt eine Gliederung!

Unser Negativbeispiel ab Seite 41 hat es gezeigt: Ohne eine Vorgabe muss eine Diskussion chaotisch verlaufen. Jeder Diskussionsteilnehmer reitet sein Steckenpferd. Der eine interessiert sich vor allem für die juristischen Probleme, die andere ist fasziniert von den technischen Fragen, der dritte will gleich praktisch etwas tun. Alles sehr wichtig – aber nicht zur gleichen Zeit!

Eine der wichtigsten Aufgaben des Diskussionsleiters – wenn nicht die wichtigste überhaupt – ist es deshalb, der beginnenden Diskussion eine Ordnung zu geben.

> **Alle Aspekte eines Themas sollen in einer der Sache angemessenen Reihenfolge angesprochen und ausdiskutiert werden. Man braucht also eine Gliederung – und zwar für jedes Thema, für jeden Tagesordnungspunkt, sei er auch noch so klein.**

Für kleinere, vielleicht spontan aufgeworfene Themen muss der Diskussionsleiter eine solche Gliederung »aus dem Ärmel schütteln« (gleich noch ein konkreter Tipp dazu). Auf die Diskussion umfangreicherer Themen jedoch muss er sich vorbereiten, indem er schon **vor der Sitzung** einen Gliederungsvorschlag ausarbeitet. Beides fällt vielen Diskussionsleitern sehr schwer und deshalb unterbleibt es in der Praxis auch oft. Aber:

> **Das meiste, was in einer Diskussion schief geht, ist auf eine fehlende Gliederung zurückzuführen!**

Es wird durcheinander geredet oder es kommt überhaupt keine Diskussion zustande. Gute Ideen werden nicht aufgegriffen, es wird zwar diskutiert, aber am Ende weiß niemand, was dabei herausgekommen ist.

Deshalb muss klar sein: Auch alle noch folgenden Regeln werden nur funktionieren, wenn es dem Diskussionsleiter gelungen ist, die Regel »Gliederung festlegen!« in die Tat umzusetzen. Das ist nicht einfach für den Diskussionsleiter, aber unbedingt nötig.

Noch einmal: Bereits das kleinste Thema muss untergliedert werden, damit eine Diskussion effektiv werden kann. Dabei kommt es vor allem auch darauf an, die Reihenfolge der Gliederungspunkte richtig festzulegen. Nicht immer ist das, was am meisten interessiert, was einem als Erstes einfällt, auch sinnvoll der erste Gliederungspunkt.

Beginnen wir mit dem etwas einfacheren Fall. Ein kleineres Problem wird spontan in die Diskussion eingebracht (zum Beispiel unter Tagesordnungspunkt »Verschiedenes«). Was tut der (gute) Diskussionsleiter in einer solchen Situation?

> Franz Grimmel: Ich hab da noch ein Problem, da weiß ich nicht, was ich machen soll. Eine Kollegin aus meiner Abteilung hat 'ne Abmahnung bekommen. Offiziell wissen wir ja nichts davon. Sie hat sich auch nicht beschwert bei mir. Aber nach allem, was ich gehört habe, ist die Abmahnung absolut ungerechtfertigt ...

Wie sagt man so schön? Die Situation ist da. Der Diskussionsleiter muss jetzt schnell reagieren, damit auch dieses Problem geordnet und mit Aussicht auf eine Lösung diskutiert wird. In ein paar Sekunden eine »richtige« Gliederung für ein solches Thema aus dem Hut zu zaubern, ist ja fast unmöglich. Der Diskussionsleiter greift also auf eine Standard-Gliederung zurück, die sich auf (mindestens) 90 Prozent aller Themen anwenden lässt:

> **1.** Wie ist die Lage? Was ist passiert? Was wissen wir?
> **2.** Was sind unsere Ziele? Was wollen wir erreichen?
> **3.** Was können, was müssen wir konkret unternehmen?

Der Diskussionsleiter wird diese Gliederung nicht »offiziell« vorschlagen. Er hat sich diese einfachen drei Schritte eingeprägt und sorgt jetzt durch seine Fragen und Stellungnahmen dafür, dass danach vorgegangen wird.

Hans-Werner Kuhlbusch: Das ist gut, dass du das ansprichst, Franz. Mich interessiert zunächst, ob das ein Einzelfall ist, oder ob das schon häufiger passiert ist. Hat noch jemand von euch gehört, dass anderen Kolleginnen und Kollegen dasselbe passiert ist?

Der Betriebsratsvorsitzende versucht also, unter dem **Gliederungspunkt 1** durch Fragen die Ist-Situation zu klären. Je nachdem, wie diese aussieht, kann es (der Standard-Gliederung folgend) dann recht unterschiedlich weitergehen:

Handelt es sich um einen Einzelfall, wird genauer festzustellen sein, warum die Abmahnung ausgesprochen wurde. Liegt eine Beschwerde vor? War die Abmahnung mitbestimmungspflichtig oder nicht? Auf jeden Fall hätte der Betriebsrat informiert werden müssen.

Wie es unter **Gliederungspunkt 2** (»Welche Ziele?«) weitergeht, wird bestimmt durch die Ergebnisse zu Punkt 1: Man will gegen die Abmahnung angehen! Man will sicherstellen, dass der Betriebsrat in Zukunft über jede Abmahnung informiert wird! Man will sein Mitbestimmungsrecht durchsetzen! Man will die ganze Belegschaft über die Abmahnungsproblematik aufklären!

Und unter **Gliederungspunkt 3** (»Konkrete Maßnahmen«) müssen dann Nägel mit Köpfen gemacht werden: Anhörung der Betroffenen! Brief an Arbeitgeber! Rechtsberatung durch die Gewerkschaft! Thema auf der nächsten Betriebsversammlung! Vorbereitung eines Aushangs!

Das Beispiel zeigt, dass es gar nicht so schwierig ist, nach einer einfachen Standard-Gliederung spontan für einen geordneten Diskussionsverlauf zu sorgen. Der Diskussionsleiter muss sich lediglich die drei Punkte (Situation/Ziel/Maßnahmen) einprägen, damit er jederzeit darauf zurückgreifen kann.

> **Für die Behandlung umfangreicherer und komplizierterer Themen, wie es etwa die bevorstehende System-Einführung eines ist, genügt eine so schlichte 3-Punkte-Standard-Gliederung allerdings nicht! Hier muss der Diskussionsleiter doch bereits vor der Sitzung eine entsprechend umfangreichere, ausgearbeitete Gliederung zusammenstellen!**

Dabei wird er folgendermaßen vorgehen:

Entwickeln einer Diskussionsgliederung

Arbeitsschritt 1	Der Diskussionsleiter schreibt (zunächst unsortiert) alles auf, was ihm zum Thema einfällt – zum Beispiel so: • Haben wir genug Informationen? • Was will der Arbeitgeber erreichen? • Ergonomische Gestaltung der PC-Arbeitsplätze • Wie praxisnah funktioniert die Software? • Was ist an Leistungs- und Verhaltenskontrolle möglich?
Arbeitsschritt 2	Der Diskussionsleiter sortiert diese Punkte. Dabei hilft wieder die 3-Punkte-Standard-Gliederung. Er ordnet den drei Gliederungspunkten die jeweils passenden Einzelschritte zu. Bleibt noch etwas übrig, wird dafür ein Extra-Gliederungspunkt formuliert. Haben sich zu einem Punkt zu viele Unterpunkte angesammelt, wird dieser noch ein oder mehrere Male unterteilt – zum Beispiel so: **Gliederungspunkt 1:** **Informationsstand zum PPS** • Welche Informationen hat der Betriebsrat? • Welche Informationen müssen sofort zusätzlich angefordert werden? • Wer aus dem Unternehmen käme für eine fachliche Beratung in Frage? • Wird ein externer Sachverständiger gebraucht? • Gibt es Folgen für die Eingruppierung? **Gliederungspunkt 2:** **Welche Arbeitnehmer(gruppen) werden von der Einführung betroffen sein?** • in der Produktion? • in der Verwaltung? • im Fuhrpark? • im Außendienst? Und so weiter, und so fort ...

Mit dem Gliederungsentwurf geht der Diskussionsleiter dann in die Sitzung, stellt ihn zu Beginn der Diskussion vor und fragt nach Ergänzungsvorschlägen. Diese werden noch eingearbeitet, dann geht es mit Gliederungspunkt 1 los. Bei komplizierteren Themen mit entsprechend umfangreicher Gliederung sollte diese allen Diskussionsteilnehmern als Kopie vorgelegt werden.

Natürlich darf nicht vergessen werden, dass das Beispiel oben eben nur **ein** Beispiel ist. Es gibt immer sehr viele unterschiedliche Möglichkeiten, ein Thema zu untergliedern. Aber wer das einige Male gemacht hat, entwickelt eine gewisse Routine im Erstellen von Gliederungen. Das Wichtigste ist, dass es überhaupt eine Gliederung gibt!

Die Gliederung ist jedenfalls fertig, nun muss man sich nur noch daran halten ...

Regel 3:

Alle Gliederungspunkte werden in der festgelegten Reihenfolge behandelt!

Das scheint so selbstverständlich zu sein und fällt in der Praxis doch so schwer. Man kann sich noch so sehr bemühen, die Gliederung kann noch so perfekt und einleuchtend sein, immer wieder wird man sich selbst und andere dabei erwischen, dass vom eigentlichen Thema abgewichen wurde.

Allzu verbissen sollte man das allerdings auch nicht sehen. Wenn der Diskussionsleiter auf jede kleine Abweichung losgeht, wie der Stier auf ein rotes Tuch (»Schluss! Schluss! Das gehört nicht zum Thema!« – »Hier werden keine Geschichten erzählt, hier wird gearbeitet!«), dann unterdrückt er vielleicht auch manche gute Idee. Trotzdem gilt:

> **Es darf nicht von Gliederungspunkt zu Gliederungspunkt und wieder zurück »gesprungen« werden! Kommt es zu einer »echten« Abschweifung oder liegt einer der Diskussionsteilnehmer mit seinem Beitrag ganz daneben, dann greift der Diskussionsleiter den Inhalt auf, macht sich eine Notiz dazu und führt auf das eigentliche Thema zurück!**

So zum Beispiel:

> Ich glaube, das ist ein wichtiger Punkt. Ich schreibe das auf und wir beschäftigen uns dann damit, wenn wir beim übernächsten Gliederungspunkt sind. Jetzt aber zurück zu unserem Thema ...

Auf Abschweifungen zu achten, ist übrigens nicht nur eine Aufgabe für den Diskussionsleiter. Auch der kann mal etwas übersehen oder selber vom Thema abkommen. **Jeder** Diskussionsteilnehmer ist für die Einhaltung der Gliederung (mit)verantwortlich.

Aber mit diesen Hinweisen sind wir fast schon beim Thema des nächsten Kapitels: Wie geht man während einer Diskussion miteinander um?

Zuhören, fragen, anregen

Zum Einstieg hier noch einmal ein Auszug aus dem Beispiel einer ungegliederte Diskussion, die ab Seite 41 beschrieben wurde. Wie war das da?

> Horst Blüm: Ja. Danke. Wenn ich mir das ansehe, dann stelle ich erst mal fest, dass uns der Junior schon wieder vor vollendete Tatsachen stellt. Seine Planung ist bereits fix und fertig. Das ist doch jetzt zum x-ten Mal, dass der uns nicht rechtzeitig über so was informiert. Ich frag mich, wie lange wir uns das noch bieten lassen wollen?
>
> Karl Schultz: Genau! Genau! Und hier – guckt euch das doch mal an. Jeder muss sich mit 'ner Chip-Karte an der Maschine anmelden ...

Von wegen: »Genau!« Der gute Karl Schultz geht hier zwar scheinbar auf seinen Vorredner ein – er gibt ihm ja Recht. Aber das ist nur der Fanfarenstoß, mit dem er dann »sein« Thema wieder aufgreift.

Das liegt sicher auch daran, dass es für diese Diskussion keine klare Gliederungsvorgabe gegeben hat. Aber selbst mit der besten Gliederung und sogar dann, wenn sich alle daran halten, kann so etwas geschehen – dafür noch ein Beispiel:

> Hans-Werner Kuhlbusch: Wir sollten jetzt zum nächsten Punkt übergehen. Einverstanden? Die Frage ist: Kann die automatische Erstellung des Produktionsplans zu einer Rationalisierung durch Veränderungen im Arbeitsablauf führen? Horst?
>
> Horst Blüm: Natürlich! Das steht hier doch zwischen den Zeilen schon drin. Da auf Seite zwei, dritter Absatz. »Der automatische Produktionsplan führt zu präziseren Planungsvorgaben. Denkbare Planungsfehler werden weitgehend ausgeschlossen.« Das kann doch nur heißen, dass in der gleichen Zeit mehr geschafft werden muss. Also – Rationalisierung.
>
> Franz Grimmel: Das ist mir noch nicht so klar. Wie funktioniert das überhaupt? Der drückt da aufs Knöpfchen und – klick – Plan fertig auf dem Bildschirm. Wenn das so funktioniert, wäre das doch prima. Dass das tatsächlich eine Arbeitserleichterung für den Betriebsleiter bedeutet, hab ich ja schon 'n paar Mal gesagt. Und von euch hat sich doch auch jeder schon

geärgert, wenn der Produktionsplan ständig geändert werden muss, weil er nicht so hinhaut, wie das notwendig wäre. Da kann das doch nicht so schlimm sein, wenn das jetzt endlich mal besser wird.

Horst Blüm: Hör doch auf! Das sind doch Arbeitgeberargumente! Ich sage – über kurz oder lang werden da Leute entlassen. Wie viele und wer, das kann man jetzt vielleicht noch nicht sagen, aber wir müssen darauf vorbereitet sein! Ingrid Lehm: Das ist richtig. Wir haben drei Produktionsstraßen, an jeder Straße stehen zurzeit ...

Was hier passiert ist, lässt sich nicht ganz so schnell durchschauen und erklären. Es sind nämlich mehrere Probleme gleichzeitig aufgetaucht, die auch in der Praxis meist zusammen auftreten:

Da ist einmal das »Problem« Franz Grimmel. Franz neigt dazu, die Argumente des Arbeitgebers aufzugreifen und in der Diskussion zu vertreten. Das hat andere Betriebsratsmitglieder schon oft genervt. Aber erstens muss man alle Argumente (auch die des Arbeitgebers selbstverständlich) ernst nehmen und zweitens sind die Fragen »Wie funktioniert das eigentlich?« und »Hat das Projekt nicht auch positive Seiten?« doch richtig gestellt und sogar sehr wichtig. Aber weil es eben »der Franz schon wieder« ist, der diese Fragen gestellt hat, hat man sie gar nicht registriert. Die anderen haben nur gehört, was sie hören wollten. Also geht niemand auf die Fragen ein, Franz wird kurzerhand »abgebügelt«.

Um das zu vermeiden, hätte der Diskussionsleiter (oder einer der anderen Diskussionsteilnehmer) ganz anders reagieren müssen. Etwa so:

Hans-Werner Kuhlbusch: Stopp mal, Horst. Franz hat hier eine sehr wichtige Frage gestellt. Wir sollten uns wirklich mal anschauen, wie denn so ein automatisch erstellter Produktionsplan aussehen könnte. Dann können wir auch die möglichen Vor- und Nachteile besser abwägen. Hier im Prospekt gibt es dazu doch ein Beispiel. Das bezieht sich zwar auf den Maschinen-Einsatzplan für eine metallverarbeitende Bude. Aber das können wir ja auf unsere Situation übertragen. Also, wie sieht das nun aus ...

Damit sind zwei Fliegen mit einer Klappe geschlagen worden: Die vernünftige Frage von Franz Grimmel wurde aufgegriffen und die weitere Diskussion wird (auch inhaltlich) besser laufen. Deshalb:

Regel 4:

Genau zuhören, was die anderen Diskussionsteilnehmer sagen! Auf jeden Redebeitrag ausdrücklich eingehen! Alle zum Thema gehörenden Fragen aufgreifen!

Zugegeben: Mit dieser Verhaltensregel ist es etwas schwierig. Denn selbstverständlich hat niemand im Betriebsrat die **Absicht**, einem anderen nicht zuzuhören (oder doch nur ganz selten). Den meisten ist es gar nicht bewusst, dass sie nicht richtig zuhören, dass sie auf irgendwelche Reizworte (»Man muss doch auch den Arbeitgeber verstehen …«) reagieren, statt herauszuhören oder herauszufinden, ob in einem auf den ersten Blick nicht so genehmen Redebeitrag nicht doch eine bedenkenswerte Überlegung steckt. Auch dieses richtige Zuhören kann man übrigens üben – siehe Seite 28. Zweierlei könnte und sollte man daraus lernen:

> **Es ist unbedingt nötig während einer Diskussion die Redebeiträge der anderen Diskussionsteilnehmer in Stichworten mitzuschreiben – auf sein Gedächtnis kann man sich da nicht verlassen!**

> **Man sollte sich nicht scheuen nachzufragen, ob man den anderen denn richtig verstanden hat (»Sag mal, hab' ich dich richtig verstanden, wenn …«)!**

Nur durch Übung und selbstkritische Beobachtung kann man lernen, seine Wahrnehmung des Diskussionspartners allmählich zu verbessern.

Allerdings kann man nur dann richtig zuhören (und etwas mitschreiben), wenn überhaupt ein anderer etwas sagt. Das jedoch ist längst nicht immer der Fall. Deshalb sind diejenigen, die sich **nicht** an der Diskussion beteiligen, auch ein besonders wichtiges Problem für den Diskussionsleiter:

Regel 5:

Der Diskussionsleiter hilft den Diskussionsteilnehmern, die sich nicht an der Diskussion beteiligen!

Trotz vollständiger Vorabinformation, trotz guter Einführung und klarer Gliederung wird es immer noch passieren, dass sich einzelne Betriebsratsmitglieder nicht an der Diskussion beteiligen, obwohl sie etwas zu sagen hätten. Dafür gibt es mehrere Gründe:

Die Angst, sich zu blamieren!

Man ist neu im Gremium. Die anderen wissen so viel mehr (oder tun jedenfalls so). Und sie reden so sachkundig, da scheinen einem die eigenen Ideen viel zu simpel und die Fragen zu dumm. Besser also, man sagt nichts, dann sagt man jedenfalls nichts Falsches. Das ist nicht nur bei Neulingen so. Kommt man nie aus dieser Haltung heraus, wird man ein Leben lang »untergebuttert«.

Schlechte Erfahrungen!

Da hat sich jemand trotz seiner Unsicherheit endlich einmal aufgerafft, etwas zu sagen. Und was passiert?

> Karl Schultz: Hier auf Seite 2 steht das doch – »denkbare Planungsfehler werden weitgehend ausgeschlossen«. Das kann doch nur heißen, dass in der gleichen Zeit mehr geschafft werden muss. Also – Rationalisierung.
> Manfred Müller: Äh – da müssen wir doch vielleicht mit der Personalplanung ...
> Karl Schultz: Ja! Ja! Das wollt ich doch grad sagen. Wir müssen den Alten also dazu zwingen, dass er ...
> Manfred Müller denkt: Da hätt' ich ja mit rechnen können, dass so 'n alter Hase wie der Schultz das schon lange auf der Pfanne hat. Hätt' ich genauso gut auch meinen Mund halten können.

Oder:

> Karl Schultz: ... dass in der gleichen Zeit mehr geschafft werden muss. Also – Rationalisierung.
> Manfred Müller: Wenn ich auch mal – könnten wir nicht vielleicht über die Personalplanung ...

Karl Schultz: Personalplanung! Dass ich nicht kichere! Weiß doch jeder, dass wir nach § 92 eine Personalplanung überhaupt nicht erzwingen können. Der Chef wird uns schön was husten.

Manfred Müller denkt: Woher soll ich das wissen? Das passiert mir nicht noch mal. Hätt' ich bloß den Mund gehalten.

Keine Chance für Schüchterne!

In fast jedem Betriebsrat gibt es ein, zwei oder mehr Mitglieder, die »unter der Nase besonders gut zu Fuß« sind. Sie haben zu allem und jedem etwas zu sagen. Und sie sind immer eine Zehntelsekunde schneller beim Reden. Ganz egal, ob sie etwas Vernünftiges zur Diskussion beizutragen haben oder ob sie nur so daher reden – der Effekt ist immer der gleiche:

Gegenüber diesen Viel-, Schnell- und Sofort-Rednern kann sich der etwas Langsamere, nicht so Routinierte, vielleicht sogar Schüchterne nicht durchsetzen. Und so wird die Rollenverteilung Viel-Redner/Schweiger zu einer festen und kaum noch umzustoßenden Einrichtung.

Daraus ergeben sich für den Diskussionsleiter (und für alle anderen Diskussionsteilnehmer!) sechs praktische Aufgaben:

1. Der Diskussionsleiter führt eine Rednerliste

Das hört sich für manche vielleicht sehr kompliziert an. In Wirklichkeit bedeutet das aber nur, dass der Diskussionsleiter sich am Rand seines Notizpapiers die Namen derjenigen notiert, die sich zu Wort gemeldet haben und dass er diese dann der Reihe nach aufruft und ihre Namen streicht, wenn sie gesprochen haben.

Das scheitert oft nur an einer ganz simplen Angewohnheit der Diskussionsleiter: Sie blättern während der Diskussion nämlich in ihren Unterlagen (was ja auch nicht gerade aufmunternd wirkt), starren auf ihre Notizen oder schauen während des Zuhörens konzentriert vor sich auf den Tisch. Deshalb **können** sie manche und vor allem die leiseren Wortmeldungen gar nicht registrieren.

Der Diskussionsleiter muss sich also dazu zwingen, während der Diskussion ständig die ganze Runde im Blick zu behalten, um jede, auch die schüchterne Wortmeldung erkennen zu können. Auch während er seine Notizen macht, muss er immer wieder hochschauen, um seine Mitdiskutierenden im Blick zu behalten. Das tun zu können, ist eine reine Trainingsfrage.

2. Der Diskussionsleiter achtet auf die »Redebereitschafts-Signale«

Vor allem natürlich auf die der Schüchternen. Das Problem sind ja nicht die, die ihren Arm zur Wortmeldung richtig hoch heben oder sich auch laut hörbar zu Wort melden. Viel wichtiger ist es, die manchmal kaum sichtbaren Signale zu erkennen, mit denen die Zurückhaltenderen ihre Redebereitschaft ankündigen (was ihnen selber oft gar nicht bewusst ist).

Da zuckt also jemand mit der Hand, bekommt sie aber nicht ganz nach oben, weil er es sich anders überlegt hat. Oder es holt jemand kurz und tief Luft um etwas zu sagen und sagt dann doch nichts, weil ein anderer mal wieder schneller war. Auf diese Signale muss der Diskussionsleiter achten und schon daraufhin das Wort erteilen – auch mal abweichend von der eigentlichen Rednerliste: »Manfred, du wolltest etwas dazu sagen?« Kommt dann doch nichts, nicht lange nachfragen, sondern darüber hinweggehen und einfach weitermachen, sonst verstärkt man Ängste.

3. Der Diskussionsleiter sorgt dafür, dass alle Redebeiträge, vor allem die der Schüchternen, aufgegriffen und behandelt werden

Jeder Redebeitrag soll also zur Diskussion gestellt werden, eine Antwort bekommen oder – wenn das Thema gerade nicht behandelt werden kann (Gliederung!) – doch aufgegriffen und auf später verschoben werden (Notizen!).

Dabei geht es nicht darum, dass für jeden Redebeitrag Zustimmung oder Begeisterung geäußert (geheuchelt) wird, wichtig ist nur, dass es auf jeden Redebeitrag eine Resonanz gibt. Die muss selbstverständlich nicht immer und nur vom Diskussionsleiter kommen. Jeder Diskussionsteilnehmer sollte sich bemühen, in seinen Beiträgen auf vorangegangene Aussagen einzugehen. Nur wenn das nicht geschieht, wird der Diskussionsleiter dafür sorgen.

4. Der Diskussionsleiter verhindert »Vielredner-Dialoge«

Das muss (bitte) nicht zu stur gehandhabt werden. Ein kurzer Schlagabtausch zwischen zwei Kontrahenten kann ja durchaus positiv und belebend sein wenn er die Diskussions-Chancen der Anderen nicht für längere Zeit beeinträchtigt. Diskussionsleiter, die dauernd »die Peitsche schwingen« (»Keine Zwiegespräche bitte!«), nerven. Es gilt, das richtige Mittelmaß zu finden.

5. Der Diskussionsleiter tritt allen Versuchen, eine Diskussion abzuwürgen, energisch entgegen

Da gibt es so berühmte Sprüche, die sich gut eignen, jede Diskussion schon im Keim zu ersticken oder abzuwürgen. Diese Sprüche nennt man auch »Killerphrasen«. Das sind ständig wiederholte Redensarten (Phrasen eben), die nur einen Zweck haben: eine Diskussion abzutöten.

Und weil sie so häufig vorkommen und eine so verheerende Wirkung auf jede Diskussion haben, sollen hier einmal ein paar von ihnen aufgelistet werden – die meisten dürfte man schon mal gehört (und vielleicht sogar benutzt?) haben:

- Das haben wir doch noch nie so gemacht.
- Das haben wir doch schon immer so gemacht.
- Dazu haben wir doch überhaupt nicht die Zeit.
- Haben wir alles schon versucht, das geht einfach nicht.
- Das ist doch alles graue Theorie.
- Ihr seht das viel zu praktisch.
- Wenn das ginge, wäre doch schon vor uns Einer drauf gekommen.
- Das ist doch längst überholt.
- Ständig neue Ideen, lass uns doch erst mal ...
- Da können wir doch später immer noch drüber reden.
- Ich versteh' überhaupt nicht, was daran so schwierig sein soll.
- Wir haben doch auch so schon genug zu tun.
- Welcher Phantast hat das denn schon wieder ausgebrütet?
- Das weiß doch jeder, dass so was nicht funktioniert.
- Das sollten wir erst mal ruhen lassen und die weitere Entwicklung abwarten.
- Das geht uns doch gar nichts an.
- Die werden doch denken, wir sind nicht ganz bei Trost.
- Du schon wieder mit deinen ...
- Ich seh da gar keinen Zusammenhang.
- Dazu steht doch gar nichts im Betriebsverfassungsgesetz.
- Das Bundesarbeitsgericht hat das doch schon lange abschließend geregelt.
- Dazu haben wir doch was ganz anderes beschlossen.
- Das macht nur 'n Haufen Arbeit. Und was kommt dabei raus?
- Das wächst uns doch alles über den Kopf.
- Wenn wir jetzt so anfangen, dann gibt das doch bloß 'n Haufen Aufregung bei den Kolleginnen und Kollegen.
- Was glaubt ihr, was uns der Chef da erzählen wird.

Jeder Diskussionsleiter sollte sich diese Sprüche gut merken und ihnen entgegentreten, wann immer sie im Verlauf einer Diskussion fallen. Was natürlich nicht heißen soll, dass man eine festgefahrene Diskussion nicht unterbrechen darf – aber bitte nicht mit einer »Killerphrase«!

6. Der Diskussionsleiter verzichtet darauf, jeden Redebeitrag der anderen Diskussionsteilnehmer zu kommentieren

Fast alle Diskussionsleiter glauben, dass es ihre vornehmste Aufgaben und ihr gottgegebenes Recht ist, zu jedem Diskussionsbeitrag ihren Klecks Senf dazu zu geben, ehe sie dann die nächste Wortmeldung annehmen.

Das ist falsch und schädlich! Es hemmt den Diskussionsfluss und erweckt leicht den Eindruck, als wolle der Diskussionsleiter jeden Diskussionsbeitrag gesondert »zensieren«. Der Diskussionsleiter muss also ein Gespräch zwischen den Diskussionsteilnehmern sich entwickeln lassen. Natürlich wird er auch selber in die Diskussion eingreifen, aber nur wenn er – wie alle anderen auch – etwas zu sagen hat, oder wenn es zum Vorantreiben der Diskussion notwendig ist.

Eine Diskussion in Gang zu bringen und in Schwung zu halten und dabei auch die Nicht-Beteiligten einzubeziehen, erfordert vom Diskussionsleiter aber noch mehr:

Regel 6:

Der Diskussionsleiter stellt im richtigen Augenblick die richtigen Fragen!

Der Diskussionsleiter verteilt also nicht nur die Wortmeldungen und bringt seine eigene Meinung in die Diskussion ein, er fördert die Diskussion auch durch geeignete Fragen. Eine gute Fragetechnik ist allerdings nicht ganz einfach. Man muss die verschiedenen Arten von Fragen und ihre Wirkung kennen, um sie gezielt einsetzen zu können. Hier eine Auflistung der wichtigsten Fragetypen:

Die wichtigsten Fragetypen für die Diskussionsleitung

Die banale Frage: »Haben wir denn überhaupt Informationsrechte?«

Eine solche Frage, die eine allen bekannte Selbstverständlichkeit zum Inhalt hat, ist eigentlich eine Zumutung für die Diskussionsrunde.

Denn was – bitte sehr – soll man darauf schon antworten? »Ja« oder »Selbstverständlich«? Damit wäre dann aber auch schon Schluss. Der Diskussionsleiter wird ja wohl kaum erwarten, dass jetzt jemand ein umfassendes Referat über alle Informationsrechte des Betriebsrats hält. Das aber wäre die einzige Alternative zum schlichten »Ja«. Solche Fragen werden in aller Regel aus Verlegenheit gestellt, weil man nicht weiß, was man sonst sagen oder fragen soll. Sie fördern die Diskussion nicht, sondern lösen in der Praxis nur verlegenes Schweigen aus.

Die gezielte Frage: »Was sagt denn der § 102 Abs. 3 BetrVG über die möglichen Widerspruchsgründe aus?«

So eine Frage wird gestellt, wenn der Fragende die Antwort bereits kennt. Und sie lässt nur Antworten zu, die entweder richtig oder falsch sind, da hier nach einem feststehenden Sachverhalt gefragt wird.
Es ist (wie die banale Frage übrigens auch) eine Frage, wie sie Lehrer gerne stellen. Sie bringt die Diskussionsrunde also in eine schulähnliche Situation. Man muss »Wissen« nachweisen oder »Unwissen« zugeben. In der Praxis dürfte diese gezielte Frage höchstens dazu führen, dass die Diskussionsteilnehmer im Text des Betriebsverfassungsgesetzes nachlesen. Das ist in dieser Situation albern. Außerdem versetzt sich der Diskussionsleiter selber in die Rolle eines »Lehrers«, was er ja wohl in jedem Fall vermeiden sollte.

Die Frage mit fest eingeplanter Antwort: »Das ist zwar alles richtig, aber ich wollte auf etwas anderes hinaus. Noch mal: Finden wir im Betriebsverfassungsgesetz einen Ansatzpunkt, uns gegen das PPS zu wehren?«

Eine an sich durchaus sinnvolle Frage, die nur deshalb negativ wirkt, weil der Fragende sie für sich schon lange beantwortet hat. Und genau diese Antwort und nichts anderes will er jetzt auch hören. Und deshalb fragt er so lange, bis das »Richtige« kommt. Das erzeugt mehr noch als die gezielte Frage eine Art »Lehrer-Schüler-Verhältnis« zwischen Diskussionsleiter und Betriebsratsmitgliedern. Die praktische Konsequenz ist, dass die Diskussionsteilnehmer, die sich diesem »Quiz« unterziehen müssen, sauer und enttäuscht reagieren. Denn sie merken natürlich, dass der Diskussionsleiter die (seiner Meinung nach) »richtige« Antwort längst parat hat und mit ihnen nur sein Spielchen treibt.

Die Suggestivfrage: »Diese exaktere Planung des Produktionsablaufs bedeutet mittelfristig Arbeitsplatzverlust. Müssen wir nicht deshalb ganz grundsätzlich dagegen sein?«

Dieser Fragetyp legt dem Gefragten die Antwort bereits in den Mund. Er kann dazu eigentlich keine andere Auffassung mehr vertreten, ohne dass ihm (in diesem Fall) unterstellt wird, er wäre für den Verlust von Arbeitsplätzen.

Eine Suggestivfrage ist also eigentlich eine Meinungsäußerung, die zur Wahrung des Scheins als Frage formuliert wurde. Dabei ist ja überhaupt nichts dagegen einzuwenden, wenn der Diskussionsleiter seine Meinung einbringt und vertritt (im Gegenteil!). Aber er sollte dies direkt tun und sich nicht hinter einer solchen Frage verstecken.

Eine Suggestivfrage hat immer zum Ziel, bestimmte Diskussionspunkte auszuschließen. Das Gegenteil aber ist Aufgabe des Diskussionsleiters – er soll die Diskussion aller möglichen Alternativen und Meinungen offenhalten.

Die rhetorische Frage: »Brauchen wir denn noch mehr Argumente, um zu erkennen, dass uns hier nur eine Alternative bleibt?«

Der Fragende erwartet auf eine solche Frage gar keine Antwort, er wird sie im nächsten Satz selber geben. Ähnlich wie bei der Suggestivfrage handelt es sich hier um eine Behauptung oder Meinungsäußerung in der Form einer Frage.

Rhetorische und Suggestivfragen werden mit dem Ziel gestellt, jeden möglichen Widerspruch, jede anders lautende Meinungsäußerung als »völlig unzulässig« oder »eigentlich dumm« erscheinen zu lassen. Wer es wagt, dagegen anzugehen, zeigt (das ist die Absicht des Fragenden) dass er nicht verstanden hat, um was es geht und/oder muss sich direkt gegen den Fragen (des Vorsitzenden) in Position bringen.

Wer rhetorische oder Suggestivfragen als Diskussionsleiter (oder -teilnehmer) benutzt, fördert damit die Diskussion nicht, sondern erschwert sie.

Die offene Frage: »Wir sollten mal überlegen, welche Folgen diese Maßnahme für die anderen Arbeitnehmer haben wird?«

Diese Art Frage zielt nicht auf eine einzig mögliche und richtige Antwort. Sie lässt sehr viele und ganz unterschiedliche Antworten zu. Deshalb eignet sie sich auch besonders gut, um zu einem neuen Thema das Gespräch in Gang zu bringen (nach einer Einführung).

Ob diese Frage aber die gewünschte Wirkung hat, hängt nicht von der Fragestellung allein ab, sondern mehr noch von der Reaktion auf die Antworten. Jede Antwort sollte zunächst positiv aufgenommen und als diskussionswürdig dargestellt werden. Der Diskussionsleiter wird sich also mit seiner eigenen Meinung zurückhalten und auch vorschnelle Bewertungen durch die anderen verhindern. Wessen Antworten vielleicht mehrmals kein oder nur ein negatives Echo gefunden haben, neigt dazu, enttäuscht abzuschalten.

Die Informationsfrage: »Du hast doch Erfahrungen mit der Produktionsdatenerfassung. Wie sehen die denn aus? Wie funktioniert so was?«

Eine solche Frage geht davon aus, dass der direkt Gefragte über ein spezielles Wissen oder über Erfahrungen verfügt, die Diskussionsleiter und die anderen Teilnehmer nicht haben oder nicht haben müssen.

Sie hat eine doppelte Aufgabe: Einmal soll natürlich das Spezialwissen des Gefragten für die allgemeine Information herangezogen werden. Sie ist aber auch ein Mittel, zurückhaltende oder uninteressiert erscheinende Diskussionsteilnehmer in die Diskussion hinein zu ziehen. Wer die Gelegenheit bekommt, seine persönlichen Fachkenntnisse oder besondere, persönliche Erfahrungen in die Diskussion einzubringen, hat ein Erfolgserlebnis, das seine Bereitschaft, von nun an intensiver mitzuarbeiten, stark fördert.

Bei jeder Diskussion bieten sich solche Gelegenheiten, und sie sollten vom Diskussionsleiter auch genutzt werden, um den Kreis der Diskussions-Beteiligten zu vergrößern.

Die Verständnisfrage: »Entschuldige, habe ich dich richtig verstanden, dass du meinst ...«

Diese Frage (sie wurde ja schon mal erwähnt) hilft, Missverständnisse zu vermeiden. Sie signalisiert dem Gefragten das Bemühen, seine Meinung ernst zu nehmen und zu verstehen, auch wenn sie von der eigenen abweicht.

Natürlich kommt es auch hier darauf an, wie die weitere Reaktion aussieht. Wenn ich die Antwort auf diese Frage benutze, um dann zu sagen: »Ich dachte erst, ich hätte mich verhört. Aber jetzt sehe ich, dass das tatsächlich absoluter Schwachsinn ist, den du da erzählst!«, dann wird die Wirkung eine ziemlich verheerende sein.

Die Verständnisfrage hat also zum Ziel, eine geäußerte Meinung ganz deutlich und unmissverständlich klarzustellen, um dann darüber ernsthaft und vernünftig diskutieren zu können.

Die provozierende Frage: »Aber hat der Arbeitgeber denn nicht Recht, wenn er sagt, dass ihm die Weiterbeschäftigung von Elisabeth Jansen bei den vielen Fehlzeiten nicht zuzumuten ist?«

Eine solche Frage wird mit dem Ziel formuliert, Widerspruch zu erzeugen. Der Fragende muss sich also sicher sein, dass die Mehrheit der Diskussionsteilnehmer eine grundsätzlich andere Auffassung vertritt (sonst kann das ganz schön in die Hose gehen).

Wenn das aber so ist, kann die provozierende Frage sehr gut eine Diskussion in Schwung bringen. Bleibt der Diskussionsleiter eine Weile in dieser Rolle, in der er die Arbeitgeber- oder sonst welche Gegenargumente vertritt, zwingt er die anderen Diskussionsteilnehmer dazu, diese Position nicht nur pauschal, sondern genau begründet zu widerlegen. Allerdings muss der Diskussionsleiter aufpassen, dass er das nicht »von oben herab« tut, sonst kommt er auch hier in eine fatale »Lehrer«-Rolle.

Die Meinungsumfrage: »Es ist jetzt viel dafür und dagegen gesagt worden. Ich möchte, dass alle mal reihum ihre Meinung dazu sagen.«

Der Diskussionsleiter hat das Gefühl, dass die Diskussion sich im Kreise dreht. Alle Argumente und Gegenargumente sind ausgetauscht. Es haben sich aber nicht alle in der Runde an der Diskussion beteiligt, die Mehrheitsverhältnisse sind nicht klar. Dann wird der Diskussionsleiter alle Diskussionsteilnehmer auffordern, der Reihe nach kurz ihre persönliche Meinung zum Problem zusammenzufassen.

Dies führt dazu, dass allen nun klar ist, wie die Meinungen im Gremium verteilt sind. Und die, die sich bisher rausgehalten haben, werden gezwungen, ebenfalls Position zu beziehen. Oft kommen jetzt auch noch neue Argumente hinzu, oder es wird der Ansatzpunkt für einen Kompromiss sichtbar, sodass mit Aussicht auf Einigung weiter diskutiert werden kann.

Auf jeden Fall ist eine solche Meinungsumfrage oft besser als eine sofortige Abstimmung: Die zustimmende oder ablehnende Haltung muss begründet werden – ja oder nein reicht nicht aus, drücken gilt auch nicht. Die Möglichkeit, nach einer Umfrage erneut in eine Diskussion einzusteigen, bleibt ebenso offen wie der Weg zur Abstimmung, wenn sich bei der Umfrage nichts Neues herausgestellt hat.

Konkret und mit Konsequenzen diskutieren

Einiges ist schon geschafft. Alle Betriebsratsmitglieder sind gut informiert, sie diskutieren an einer klaren Gliederung entlang. Auch innerhalb der einzelnen Gliederungspunkte verläuft die Diskussion diszipliniert, weil jeder sich bemüht, mit seinen Beiträgen auf dem aufzubauen, was die anderen vorher gesagt haben. Jeder hatte die Chance, zu Wort zu kommen, und von Zeit zu Zeit bringt der Diskussionsleiter durch eine geschickte Frage das Gespräch wieder in Schwung. Das alles läuft auch nicht zu stur – bei aller Ernsthaftigkeit der diskutierten Probleme, für ein kurzes Abschweifen oder einen Scherz muss auch Raum sein.

So diskutiert man ... und diskutiert ... und diskutiert ... Und der Protokollführer schreibt ... und schreibt ... und schreibt. Am Ende ist allen Beteiligten das Problem ziemlich deutlich geworden. Sie haben sich eine Meinung gebildet. Aber was jetzt? Ist allen jetzt klar, was nun weiter geschehen soll, welche Konsequenzen sich ergeben? Und weiß jeder, was er zu tun hat? Nein – durchaus nicht, jedenfalls nicht automatisch.

Und hier liegt eine wichtige, vielleicht sogar **die** wichtigste Aufgabe des Diskussionsleiters:

Regel 7:

Der Diskussionsleiter fasst von Zeit zu Zeit den erreichten Stand der Diskussion zusammen!

Unser Beispielbetriebsrat diskutiert gerade über den geplanten Anschluss aller Maschinen an das neue Produktions-Planungs-und-Steuerungs-System (PPS). Die zu diesem Thema beschlossene Gliederung sagt aus, dass zunächst die unmittelbaren Folgen für die betroffenen Arbeitnehmer besprochen werden sollen. Wir schalten uns da mal ein:

Ingrid Stamm: Das wichtigste Problem, finde ich, ist, dass durch diesen Anschluss an ein zentrales Datensystem eine umfassende Kontrolle aller Maschinen möglich wird – und damit natürlich auch der Leute, die daran arbeiten.

Franz Grimmel: Das seh ich eigentlich nicht so. Ich meine, dass irgendwie festgehalten wird, wie viel die einzelne Maschine im Laufe einer Schicht schafft, das ist doch selbstverständlich, passiert jetzt ja auch. Und letzten Endes ist es doch wurscht, wie das passiert. Oder?

Karl Schultz: Nein! Das ist gar nicht egal. Bisher wurden doch nur die Stückzahlen der einzelnen Aufträge festgehalten. Dagegen kann man natürlich nichts einwenden. Aber jetzt sollen erheblich mehr Daten registriert und erfasst werden. Von welcher Minute bis zu welcher Minute läuft die Maschine mit welcher Leistung. Wie viele Minuten steht die Maschine und aus welchem Grund steht sie. Das ist doch etwas ganz anderes.

Franz Grimmel: Gut, das ist richtig. Aber warum eigentlich nicht? Da hat doch keiner was zu verbergen. Was soll denn so schlimm daran sein, dass der Vorgesetzte jetzt weiß, von 10.15 Uhr bis 10.23 Uhr hat die Maschine 3 gestanden und danach ist sie dann mit so und so viel Touren weiter gelaufen.

Ingrid Stamm: Wenn das wirklich alles wäre, hättest du vielleicht Recht, Franz. Aber der Meister kann ja nicht nur feststellen, dass die Maschine gestanden hat. Es ist auch festgehalten, warum sie gestanden hat. Er kann also bei der Auswertung feststellen, ob die Kollegin an einer bestimmten Maschine besonders oft aus persönlichen Gründen Kurzpausen macht, meinetwegen, weil sie sich die Blase erkältet hat. Sie schafft zwar ihre Leistung, trotzdem fällt sie auf. Da kann man auf sie zukommen und ihr sagen, sie soll gefälligst nicht so viele Kurzpausen machen, weil sie dann noch mehr schaffen könnte.

Manfred Müller: Und man kann zum Beispiel auch feststellen, dass an einer bestimmten Maschine besonders oft Störungen auftreten, die in der Verantwortung des Maschinenführers liegen ...

Franz Grimmel: Na ja, das leuchtet mir dann schon ein, dass da mehr Kontrolle drin ist. Aber vielleicht sollten wir mal mit den Kollegen in den verschiedenen Abteilungen reden, wie die das beurteilen. Von uns arbeitet zum Beispiel kein einziger in der Verpackung.

Karl Schultz: Ja, das ist 'ne gute Idee. Aber was ich noch sagen wollte: Wir müssen wenigstens versuchen, durch eine entsprechende Festlegung der erfassten Stillstandsgründe zu verhindern, dass solche Rückschlüsse überhaupt gezogen werden können. Angeblich will der Alte das ja auch gar nicht. Da kann's denn wohl auch keine Probleme geben.

Eine wirklich disziplinierte Diskussion. Großes Lob. Das Thema ist »eingekreist«, die wichtigsten Aspekte zeichnen sich ab. Damit kann dieser Diskussionspunkt (erst einmal) abgeschlossen werden. Genau der richtige Zeitpunkt für eine Zusammenfassung, die der Betriebsratsvorsitzende jetzt auch gibt:

Hans-Werner Kuhlbusch: Ich denke, dass wir das jetzt klar haben. Wir haben festgestellt, dass die geplante Übertragung der Produktionsdaten es ermöglichen wird, die Beschäftigten in der Produktion genauer als bisher zu kontrollieren und vielleicht Druck auf einzelne Kollegen auszuüben. Hauptsächlich liegt das an der Erfassung der verschiedenen Stillstandgründe – persönliche Kurzpausen, durch Bedienungsfehler verursachte Stillstandzeiten usw. Das müssen wir noch genau prüfen, wenn wir unsere Forderungen zusammenstellen. Aber dass die Kontrolle stärker werden würde, darüber sind wir uns einig, ja? Ist das auch im Protokoll festgehalten? Gut – dann können wir zum nächsten Punkt gehen ...

Wie wichtig eine solche Zwischenzusammenfassung ist, die den einen Diskussionspunkt abschließt, damit man dann zum nächsten übergehen kann, ist sicher schon deutlich geworden. Auch als Kontrolle für den Protokollführer ist eine Zusammenfassung immer sehr nützlich.

Es gibt aber noch andere Diskussionssituationen, in denen eine Zwischenzusammenfassung notwendig ist und den weiteren Diskussionsverlauf erleichtert. Dann zum Beispiel, wenn man eine Diskussion unterbrechen musste und wieder neu einsteigt oder wenn besonders scharf gegensätzliche Meinungen aufeinanderprallen und die Diskussion droht, aggressiv zu werden. Jetzt eine Zwischenzusammenfassung, die die unterschiedlichen Positionen möglichst klar und nüchtern darstellt und dazu noch eine Meinungsumfrage (siehe Seite 62), das versachlicht die Diskussion fast sofort.

Alles prima also bisher. Aber eines hat der Diskussionsleiter doch vergessen, was er unbedingt hätte tun müssen, ehe er den nächsten Gliederungspunkt anpackt ...

Regel 8:

Der Diskussionsleiter sorgt dafür, dass praktische Konsequenzen aus einer Diskussion sofort mit eindeutigen Arbeitsaufträgen, klarer Zuständigkeit und genauen Zeitvorgaben verbindlich geregelt werden!

Oft ergeben sich die Ansatzpunkte für die erforderlichen Maßnahmen aus der vorangegangenen Diskussion (auch deshalb ist Mitschreiben wichtig!). In diesem Fall hatte zum Beispiel Franz Grimmel den Vorschlag gemacht, mal mit einigen der später vielleicht betroffenen Arbeitnehmer zu reden, um sich ein genaueres Bild über die denkbare Erfassung der verschiedenen Stillstandgründe und über die damit verbundenen Folgen machen zu können. Darauf ist allerdings – Franz Grimmel ist das schon gewohnt – keiner so recht eingegangen und in der Zwischenzusammenfassung ist es auch vergessen worden.

So geht es in der Praxis leider oft. Konkrete Vorschläge werden zwar beifällig zur Kenntnis genommen, aber damit hat es sich denn auch. Es wird festgestellt, dass »man« das unbedingt tun muss. Aber wer es dann **tatsächlich** machen soll und bis wann das erledigt sein muss, wird nicht festgelegt. Die Folge: Das meiste bleibt am Vorsitzenden hängen. Oder es wird überhaupt nicht erledigt, weil einer sich auf den anderen verlassen hat. Bei der nächsten Sitzung stellt man dann erneut fest, dass »man« jetzt aber ganz dringend ...

Hier hätte also der Betriebsratsvorsitzende den Vorschlag von Franz Grimmel aufgreifen und dafür sorgen müssen, dass er als präziser Arbeitsauftrag formuliert wird:

> **Hans-Werner Kuhlbusch: Und dann ist da noch der Vorschlag vom Franz, dass wir mal mit möglichst vielen Kollegen aus der Produktion – vor allem in der Verpackung – reden sollten. Wer macht das? Ingrid, ich glaub, du hast da den besten Draht – okay? Gut, dann sollten wir jetzt noch kurz festlegen, was wir von den Kolleginnen wissen wollen. Ingrid wird dann am nächsten Montag berichten, ich denke, das ist früh genug ...**

Gar nicht schwierig, man muss nur daran denken. Aus dem Beispiel kann übrigens noch eine weitere Verhaltensregel abgeleitet werden:

Regel 9:

Sich nicht nur auf sich selbst verlassen! Immer mit überlegen, wo oder von wem man noch Hilfe oder Informationen bekommen könnte!

Schon wieder so eine – scheinbare – Selbstverständlichkeit: Es ist doch völlig klar, dass man als vernünftiger Mensch erkennt, wann man mit seinem Latein am Ende ist und Hilfe von außen braucht. Trotzdem: Obwohl das so selbstverständlich und vernünftig ist, wird es im Eifer des Gefechts immer wieder vergessen.

Dies mag übrigens – das soll gar nicht verschwiegen werden – mit daran liegen, dass man sich für die Diskussion eine Gliederung vorgegeben hat. So unverzichtbar diese auch für die Systematik der Diskussion ist, so verführt sie doch auch zum »Abhaken«. Man mag eine begonnene Diskussion nicht einfach unterbrechen, um erst einmal anderswo Informationen einzuholen – nun ist man gerade dabei, nun soll es auch zu Ende gebracht werden. Das aber kann zu – manchmal sehr schwerwiegenden – Fehlern führen.

> Immer wenn man also spürt, dass sich die Diskussion an einem Gliederungspunkt festgefahren hat, dass man allein jetzt nicht weiterkommt, muss man den Mut haben, eine Unterbrechung der Diskussion vorzuschlagen!

Dies können und sollten übrigens sowohl Diskussionsleiter wie auch einzelne Diskussionsteilnehmer tun.

Meistens nützt es auch nichts, wenn man den Punkt, an dem man wegen Informationsmangel ins Stocken gekommen ist, einfach überspringt und mit dem nächsten Punkt weitermacht (»Lassen wir das erst mal so stehen und kommen später noch mal darauf zurück!«). Da die Gliederungspunkte ja aufeinander aufbauen, würde die Qualität der Ergebnisse leiden, außerdem könnte vieles nur »unter Vorbehalt« diskutiert werden. Wenn es also (etwa mit Blick auf gesetzlich einzuhaltende Fristen) irgend möglich ist, sollte man die benötigte Information oder Hilfe so schnell wie möglich beschaffen und erst dann weiter diskutieren.

Dabei darf natürlich nicht vergessen werden, eine Zwischenzusammenfassung zu machen und einen Beschluss mit eindeutigen Arbeitsaufträgen fassen zu lassen – einschließlich Zuständigkeiten und genauen Zeitvorgaben! Dabei wird es dann meist um eine der folgenden Maßnahmen gehen:

1. Anhörung oder Befragung der betroffenen Kolleginnen und Kollegen vereinbaren

Es ist schon merkwürdig: Alle Betriebsräte wissen, dass es ihre Aufgabe ist, die Interessen der Arbeitnehmer zu vertreten. Aber es kommt nur selten vor, dass sie die Beschäftigten selbst fragen, was denn nun deren Interessen und Meinungen sind. Dabei gibt es so viele praktische Möglichkeiten, dies zu tun:

- die Anhörung einzelner Arbeitnehmer in Betriebsratssitzungen,
- Gespräche, die Betriebsratsmitglieder am Arbeitsplatz führen,
- extra angesetzte Betriebsrundgänge mit entsprechenden Fragen an die Arbeitnehmer,
- Vertrauensleute-Sitzungen,
- die Aufforderung an einzelne oder mehrere Arbeitnehmer, in die Sprechstunde des Betriebsrats zu kommen,
- Abteilungsversammlungen,
- Unterschriftenlisten herumgehen lassen,
- Fragen auf Betriebsversammlungen.

Der Betriebsrat könnte sogar – und in größeren Unternehmen geschieht dies auch schon hin und wieder – eine »richtige« Meinungsumfrage machen, mit Fragebogen und Auswertung (praktische Hinweise dazu gibt es im Band 6 der Kleinen Betriebsrats-Bibliothek: »Öffentlichkeitsarbeit des Betriebsrats – attraktiv und erfolgreich!« Bund-Verlag, 2010).

Das heißt natürlich nicht, dass der Betriebsrat sich nun sklavisch genau an das halten müsste, was die Belegschaft will. Letzten Endes muss **er** entscheiden, was er für richtig hält und tun oder lassen will. Aber er muss doch wissen, was die Beschäftigten denken. Und sei es auch nur, damit er weiß, wo noch Aufklärungs- und Informationsarbeit zu leisten ist.

2. Kontakt zu Betriebsratskollegen aufnehmen, die ähnliche Probleme haben oder gehabt haben

Es ist erstaunlich, dass es so wenige Kontakte zwischen Betriebsräten aus Betrieben gleicher Branchen in der gleichen Region gibt. Dadurch wird die Chance versäumt, von den Erfahrungen anderer zu profitieren. Man macht die Fehler, die andere bereits als Fehler erkannt haben, noch einmal. Gute Ideen werden nicht aufgenommen und verbreitet.

Was läge in unserem Beispielfall etwa näher, als (vermittelt über die Gewerkschaft) bei den Betriebsräten anderer Unternehmen nachzufragen, ob dort schon ähnliche Veränderungen anstehen (oder sogar schon angeschlossen sind), welche Erfahrungen der Betriebsrat dort gemacht und welche Forderungen er gestellt hat? Oft kann man auch Anlagen und Systeme, die im eigenen Betrieb erst geplant werden, in anderen Betrieben bereits in Aktion sehen und Argumente für eine Verhandlung mit der Geschäftsleitung gewinnen.

3. Die zuständige Gewerkschaft einschalten

Viele Betriebsräte neigen dazu, ihre Gewerkschaft erst dann zu kontaktieren, wenn sie »allein nicht weiterkommen«. Die Folge ist allerdings, dass der Gewerkschaftssekretär oft erst dann informiert und eingeladen wird, wenn das Kind schon in den Brunnen gefallen ist.

> **In allen Fällen, die über die tägliche Routine hinaus gehen, also immer wenn sich ernsthaftere Probleme abzeichnen, sollte die zuständige Gewerkschaft so früh wie möglich informiert werden!**

Dies ist ja auch deshalb nötig, weil auch Betriebsräte dazu neigen, »betriebsblind« zu sein. Sie sehen anstehende Probleme nur aus der Sicht »ihres« Betriebs. Der Gewerkschaftssekretär hingegen kennt das Problem wahrscheinlich schon aus anderen Betrieben und kann deshalb helfen, die dort gemachten Erfahrungen zu berücksichtigen und unnötige Fehler zu vermeiden.

4. Weitergeben des Problems an Ausschüsse oder Einzelpersonen

Es müssen nicht immer oder nur **Außenstehende** sein, die aus einer schwierigen Situation heraushelfen können. Ein Betriebsrat muss und soll gar nicht alle Probleme als Gesamtgremium bis zum Ende behandeln. Das wäre oft Zeit- und Kraftvergeudung und führt nicht einmal immer zu den besten Ergebnissen.

Bei allen Diskussionsthemen, die sich nicht im ersten Anlauf abschließend behandeln lassen, empfiehlt sich vielmehr folgendes Vorgehen:
- Ein Problem wird im Gesamtgremium diskutiert, bis alle Diskussionsteilnehmer wissen, worum es geht und bis die grobe Marschrichtung klar ist.

- Es wird für dieses Problem ein Ausschuss gebildet, der die weitere Be-
  arbeitung übernimmt, bzw. das Problem wird zur Weiterbearbeitung an
  einen existierenden Ausschuss weitergeleitet.
- Die Ergebnisse der Ausschussarbeit werden wieder im Gesamtgremium
  diskutiert, man erarbeitet sich eine endgültige Meinung (dies kann dann
  oft auch heißen: konkrete Verhandlungsvorbereitung – mehr dazu im Teil 3
  ab Seite 74).

Eine solche Zwischenbearbeitung muss natürlich nicht immer durch einen
mehrköpfigen Ausschuss erledigt werden. Bei kleineren Gremien oder über-
schaubareren Problemen genügt auch eine Einzelperson. Immer aber muss
der Diskussionsleiter dafür sorgen, dass der Arbeitsauftrag einschließlich
Terminvorgaben klar formuliert (und im Protokoll festgehalten) ist. Außerdem
gilt:

Regel 10:

**Der Diskussionsleiter muss erkennen, wann ein
Problem ausdiskutiert ist. Wiederholen sich die
Argumente und sind keine neuen Informationen oder
zusätzlichen Erkenntnisse zu erwarten, muss ein
Beschluss herbeigeführt werden!**

Dabei sind zwei Möglichkeiten denkbar:
1. In der Diskussion hat sich eine einheitliche Auffassung herauskristallisiert.
   Dann fasst der Diskussionsleiter diese zusammen (siehe Regeln 7 und 8)
   und stellt sie zur Abstimmung. Er achtet darauf, dass der Wortlaut gleich
   (vor der Abstimmung!) schriftlich festgehalten und dann ins Protokoll übernommen wird.
2. Etwas komplizierter ist es, wenn unterschiedliche Auffassungen geblieben
   sind, eine weitere Diskussion aber dennoch nichts mehr ändern würde.
   Dann müssen die verschiedenen Alternativen ebenfalls genau formuliert
   und nacheinander zur Abstimmung gestellt werden. Jeder, der das häufiger
   mitgemacht hat, weiß, wie leicht es dabei zu einem heillosen Durcheinander kommt: Man weiß nicht, über welche Alternative gerade abgestimmt
   wird; es kommt zu Falsch-Abstimmungen; nach der Abstimmung entbrennt
   neu der Streit, was denn überhaupt genau beschlossen wurde. Hier hilft
   nur stures, pedantisches (und geduldiges) Vorgehen durch den Diskussionsleiter:
   – Der Diskussionsleiter formuliert die erste Alternative. Er fragt die Ver-
     treter dieser Auffassung, ob sie mit der Formulierung einverstanden

sind. Ist man sich darüber einig, wird das schriftlich festgehalten und noch einmal vorgelesen.

– Das gleiche Verfahren wiederholt sich bei der zweiten (und wenn nötig bei jeder weiteren) Alternative.

– Der Diskussionsleiter liest die erste Alternative vor und fordert alle die auf, die Hand zu heben, die für diesen Vorschlag sind. Stimmen zählen und im Protokoll festhalten.

– Er tut das gleiche mit der zweiten und jeder weiteren Alternative, auch hier wird die Stimmenzahl im Protokoll festgehalten und dann nach Enthaltungen gefragt (wobei es das Kennzeichen einer guten Diskussion ist, dass bei der danach folgenden Abstimmung in der Regel keine Enthaltungen vorkommen).

Aber auch wenn eine Diskussion nicht mit einem Beschluss endet (enden kann), steht am Schluss eines Diskussionsabschnitts immer:

Regel 11:

Der Diskussionsleiter fasst das Endergebnis der Diskussion zusammen und sorgt dafür, dass alle wichtigen Punkte im Protokoll erscheinen!

Damit ist die Diskussion des Problems dann so oder so beendet. In sehr vielen Fällen wird sich nun (meist auf einer späteren Sitzung) die konkrete Verhandlungsvorbereitung anschließen. Viele Betriebsräte glauben, dass sie auf eine Verhandlung schon ausreichend vorbereitet sind, wenn sie sich eine feste und gut begründete Meinung zu einem Verhandlungsthema gebildet haben. Das aber ist ein (gefährlicher) Trugschluss, wie im folgenden Teil gezeigt werden wird!

Die wichtigsten Regeln auf einen Blick

Regeln zur Diskussionsvorbereitung

Vorabinformation

- Einladung rechtzeitig vor der Sitzung zustellen (je nach Häufigkeit – mindestens drei Tage vorher).
- Sitzungsbeginn möglichst kurz nach Arbeitsanfang.
- Tagesordnung muss jedem Betriebsratsmitglied schriftlich zugestellt werden; dazu ...
  - wenn vorhanden, an Vertrauensperson der Schwerbehinderten und Jugendvertretung,
  - wenn nötig, an Ersatzmitglieder,
  - wenn gewünscht, an Arbeitgeber und/oder Gewerkschaftssekretär.
- Die Tagesordnung muss Aufschluss geben über den Inhalt der Diskussionsthemen, sodass gezielte Vorbereitung möglich ist.
- Diskussionsunterlagen und weitere Informationsmaterialien zusammenstellen, vervielfältigen und mit der Einladung/Tagesordnung zustellen – zum Beispiel:
  - Mitteilungen des Arbeitgebers,
  - Beschlussvorlagen und Gesprächsnotizen,
  - Entwürfe für Betriebsvereinbarungen,
  - Protokolle wichtiger Ausschusssitzungen.

Für die Sitzung

- Weiteres (weniger wichtiges oder erst nach Abgehen der Einladung erhaltenes) Material vervielfältigen und mit in die Sitzung nehmen.
- Packpapier, Tesakrepp, dicke Filzschreiber (alternativ: Taglichtschreiberfolien, Spezialfilzstifte/Tafel, Kreide) für das sichtbare Notieren der Diskussionsergebnisse beschaffen.
- Notizpapier und Schreiber für die persönlichen Notizen der Diskussionsteilnehmer bereithalten.

Regeln zur Diskussionsleitung

Einführung und Gliederung

- Mit einer kurzen Einführung in das Diskussionsthema beginnen (zunächst zu einem Tagesordnungspunkt).
- Der Diskussionsleiter gibt für jeden Tagesordnungspunkt eine Gliederung vor. Bei komplizierteren Themen muss er sich darauf vor der Sitzung vorbereitet haben! Standard-Gliederung:
  - Wie ist die Lage? Was ist passiert? Was wissen wir?
  - Was sind unsere Ziele? Was wollen wir erreichen?
  - Was können, was müssen wir konkret unternehmen?
- Umfangreichere Gliederungen als Kopie schriftlich allen Diskussionsteilnehmern vorlegen.

Gliederung einhalten

- Die Gliederungspunkte in der festgelegten Reihenfolge behandeln (nicht zum Thema gehörende Diskussionsbeiträge trotzdem aufgreifen, notieren und auf spätere Gliederungspunkte verschieben, zum Thema zurückführen).
- Als Diskussionsleiter nicht zu jedem Diskussionsbeitrag einen Kommentar geben; Gespräche zwischen den Diskussionsteilnehmern sich entwickeln lassen.
- Darauf achten, dass auf alle Diskussionsbeiträge eingegangen wird. Dafür sorgen, dass kein Diskussionsbeitrag und keine Fragen untergehen.
- Von Zeit zu Zeit den erreichten Diskussionsstand zusammenfassen (Zwischenzusammenfassungen):
  - wenn ein Gliederungspunkt abgeschlossen ist und der nächste begonnen werden soll,
  - nach jeder Diskussionsunterbrechung,
  - bei besonders scharfen Auseinandersetzungen.

Unterstützen und fördern

- Den Diskussionsteilnehmern helfen, die sich nicht an der Diskussion beteiligen:
  - Rednerliste führen und einhalten,
  - auf stumme Redebereitschaftssignale achten,
  - Viel-Redner-Dialoge unterbinden,
  - alle Versuche, die Diskussion durch Killer-Phrasen o.Ä. abzuwürgen, verhindern,

– direkte Fragen zu persönlichen Erfahrungen und speziellen Fachkenntnissen stellen.
- Die Diskussion durch Fragen in Schwung bringen und in Gang halten:
  – offene Fragen formulieren, die zu unterschiedlichen Meinungsäußerungen auffordern,
  – wenn nötig, Verständnisfragen stellen,
  – durch provozierende Fragen zum Nachdenken über geäußerte Meinungen anregen,
  – wenn sich die Diskussion festgefahren hat, »Meinungsumfrage« machen.

Arbeitsaufträge und Termine

- Dafür sorgen, dass praktische Konsequenzen aus dem Diskussionsablauf sofort verbindlich abgesprochen werden:
  – eindeutige Arbeitsaufträge formulieren,
  – klare Zuständigkeiten vereinbaren,
  – genaue Termine festsetzen.
- Wenn sich eine Diskussion festgefahren hat, den Mut haben, die Diskussion zu unterbrechen, um
  – zusätzliche Informationen einzuholen,
  – Verbindung zu den betroffenen Arbeitnehmern oder Vertrauensleuten aufzunehmen,
  – über eine andere Gliederung zu diskutieren,
  – die Gewerkschaft einzuschalten,
  – Kontakt zu Betriebsräten anderer, ähnlicher Betriebe zu suchen,
  – die weitere Arbeit vorübergehend an einen Ausschuss weiterzugeben (evtl. kurzfristig einen Ausschuss nur zu diesem Thema bilden).
- Nach Abschluss der Diskussion Beschlussvorschlag formulieren. Andere Formulierungsvorschläge einholen. Wenn mehrere Alternativen, diese ganz genau (schriftlich) formulieren und zur Abstimmung stellen. Endergebnis zusammenfassen.

Teil 3
Verhandlungen – klug vorberei-
ten und wirksam führen

Zunächst ein Beispiel, das zeigen soll, was in einer Verhandlung so alles schief laufen kann. Dieses Beispiel ist recht umfangreich, aber die Mühe lohnt sich, es sorgfältig durchzulesen und anschließend ein wenig auszuwerten. Das Verständnis der hier vorgestellten Regeln und »Werkzeuge« wird dadurch wesentlich erleichtert werden. Noch besser wäre es allerdings, wenn der Rand schon gleich dafür genutzt würde, die eine oder andere Auffälligkeit zu notieren ...

Der Betriebsrat verhandelt – ein Beispiel

Es ist kurz nach 15.00 Uhr. Die Tür des Konferenzzimmers wird energisch aufgestoßen. Mit kurzen schnellen Schritten betritt Hans Kermel, Junior-Chef der Kermel GmbH, den Raum. Die sieben Mitglieder des Betriebsrats, die bereits seit etwa zehn Minuten hier warten, stehen auf. Der junge Kermel geht von Platz zu Platz, begrüßt jeden mit Handschlag. Der Personalleiter, der kurz nach dem Junior-Chef den Raum betreten hat, hält sich im Hintergrund und murmelt so etwas wie: »Tag zusammen – haben uns heute ja schon gesehen ...«

Hans Kermel setzt sich auf den mittleren der drei Stühle an der Stirnseite des großen Konferenztisches, rechts neben ihm der Personalleiter. Die Betriebsratsmitglieder nehmen links und rechts vom Tisch ihre gewohnten Plätze ein. Stühle rücken, Papierrascheln. Hans Kermel hat seinen Ordner aufgeschlagen, schaut hoch:

»Meine Herren! Oh – Verzeihung, Frau Stamm, ich habe Sie natürlich nicht übersehen! Bei diesem trüben Wetter ...« Blick aus dem Fenster »... ist man ja für jeden Lichtblick dankbar ...« Allgemeines Schmunzeln. »Tja, liebe Frau Stamm, meine Herren, es ist spät geworden, lassen Sie uns deshalb gleich in medias res gehen – kommen wir zur Sache. Wir haben Ihnen ja schon schriftlich mitgeteilt, dass wir vorhaben, unsere IT in Richtung PPS weiter zu entwickeln. PPS – das bedeutet, dass an praktisch jedem Arbeitsplatz Zugriff auf die dort wesentlichen Informationen sichergestellt ist. Wir verfolgen damit vor allem drei Ziele: Größere Transparenz des gesamten Produktionsprozesses für jeden Mitarbeiter und dadurch eine höhere Moti-

vation, schnellere Umsetzung der Kundenwünsche in konkrete Produktionsplanung und nicht zuletzt die Möglichkeit, schneller und präziser als bisher die Gründe für nicht ausgelastete Kapazitäten zu erfassen. Sie haben bereits Prospektmaterial bekommen, in dem die technischen Details dieses Systems beschrieben werden. Die Vorteile liegen, glaube ich, auf der Hand. Die bessere Informationsversorgung wird in allen Betriebsbereichen und auf allen Ebenen zu einer deutlichen Arbeitserleichterung, fast möchte ich sagen: Demokratisierung führen. Aber wir müssen die genannten Schritte auch unternehmen, um unsere Wettbewerbsfähigkeit zu erhalten. Ich denke deshalb, dass wir rasch zu einer einvernehmlichen Entscheidung kommen werden. Gleichwohl – es mag technische Einzelheiten geben, die wir zu bereden haben ... Herr Kuhlbusch, was gibt's denn aus Ihrer Sicht?«
Hans-Werner Kuhlbusch, der Betriebsratsvorsitzende, ist etwas überrumpelt, fasst sich aber schnell. »Na ja, Herr Kermel, so einfach ist die Sache für den Betriebsrat aber nicht. Sie sprechen natürlich nur von Arbeitserleichterung, aber allein deshalb machen Sie das Ganze ja wohl nicht. Sie wollen doch auch Kosten ...«
»Natürlich!« Hans Kermel ist amüsiert. »Sehen Sie, Herr Kuhlbusch, wenn ein Unternehmen in der heutigen Zeit in so umfassender Weise in Informationstechnik investiert, dann muss sich diese Investition natürlich mittelfristig amortisieren. Das ist Ihnen ja auch genauso klar wie mir. Ich erinnere Sie da an unser Vier-Augen-Gespräch vor einigen Wochen. Da hatten wir doch gemeinsam festgestellt, dass der Druck auf unser Unternehmen als ein mittelständisches immer größer wird ..., allgemeine wirtschaftliche Entwicklung ..., steuerliche Belastung ..., steigende Kosten ..., Rohstoffpreise ..., Abhängigkeit von wenigen Großabnehmern ..., wir alle wissen doch ..., Zeichen der Zeit ..., all das macht auch den Einsatz aktueller Technologie notwendig. Wir müssen schließlich am Markt mithalten können.«
»Das ist uns als Betriebsrat natürlich auch klar«, Hans-Werner Kuhlbusch ist noch nicht zufrieden, »aber mal ganz davon abgesehen, haben Sie uns über Ihre Pläne viel zu spät unterrichtet. Sie wissen doch jetzt schon ganz genau, wie das mit diesem MyPPS mal aussehen soll, welche Funktionen zum Einsatz kommen sollen und so. Und wir als Betriebsrat haben da ja doch ...«
»Herr Kuhlbusch«, Hans Kermel ist erstaunt. »Ich bitte Sie, wir haben doch in der Vergangenheit immer sorgfältig darauf geachtet, Sie als Betriebsrat ständig über unsere Planungen auf dem Laufenden zu halten. Und wir wollen die ganze Geschichte doch auch nicht dramatisieren. PPS gehört heute in sehr vielen Betrieben längst zum Alltag und funktioniert im Grundsatz ja auch überall in etwa gleich – das ist also alles in keiner Weise überraschend. Sie haben doch selber – wenn ich mich recht erinnere – erst kürzlich ein IT-Grundlagen-Seminar besucht, bei dem auch das Thema PPS auf dem The-

menplan stand. Und Sie irren auch, wenn Sie unsere Planungen bereits für abgeschlossen halten. Wir sitzen doch hier zusammen, weil wir diese Maßnahmen in ihrer konkreten Ausgestaltung gemeinsam beraten wollen. Aber – bitte, legen Sie doch Ihre Bedenken hier ganz offen auf den Tisch!«
»Unsere Bedenken ...«, Hans-Werner Kuhlbusch blättert in den mitgebrachten Unterlagen, »unsere Bedenken, ja ...« Er fährt, sicherer geworden, fort. »Nun, zum Beispiel wollen wir, dass bei einer in diesem Fall zu erwartenden Ausweitung der Arbeit an Bildschirmen auch wirklich ..., dass also die Arbeitsplätze vernünftig gestaltet sind.«
Karl Schultz, auch ein alter Hase im Betriebsrat, wirft noch rasch ein: »Und dann – damit ist doch noch nicht Schluss. Ich sage nur: Leistungskontrolle! Von personellen Konsequenzen mal ganz zu schweigen.«
Hans Kermel lehnt sich zurück. »Sie sprechen da einen interessanten Punkt an, Herr Kuhlbusch, den wir auch sehr ernsthaft erwogen haben. Die Forderung nach einer ergonomischen Gestaltung der Arbeitsplätze, auch und vor allem bei der Arbeit am PC, steht heute ja immer bei allen Entscheidungen mit im Vordergrund – auch bei uns.«
»Und da haben wir ein Mitbestimmungsrecht!« unterbricht ihn Ingrid Stamm.
»Selbstverständlich. Wir halten zwar das Problem der Bildschirmarbeit im Falle eines PPS für nicht so gravierend, ja, es ließe sich vermutlich sogar darüber streiten, ob es sich in der Produktion bei den in der Regel dort immer nur kurzen, eingeschobenen Phasen der Tätigkeit an den Monitoren überhaupt um Bildschirmarbeit im Sinne der Bildschirmarbeitsverordnung handelt ...«
Unzufriedenes Gemurmel bei den Betriebsratsmitgliedern.
Hans Kermel fährt mit erhobener Stimme fort: »Aber wir wollen natürlich trotzdem bei der Beschaffung des nötigen Equipments darauf achten, dass dieses nicht nur dem neuesten Stand der technischen Entwicklung entspricht, sondern auch aktuellen arbeitswissenschaftlichen Erkenntnissen. Blendfreie, große Flachbildschirme, vernünftige Beleuchtung, höhenverstellbare Tische, dynamisches Sitzen – all das sind ja heute auch schon Selbstverständlichkeiten. Wenn ich Sie mal bitten darf, die Seiten 6 und 7 des Prospekts der Firma ›Computernix‹ aufzuschlagen, dann sehen Sie ...«
Die Betriebsratsmitglieder hören sich geduldig an, was Kermel zur geplanten Ausstattung zu sagen hat. Nicken. Murmeln. Skeptisches Kopfschütteln bei einigen. Der Betriebsratsvorsitzende fasst die allgemeine Stimmung zusammen: »Na ja, so auf den ersten Blick sieht das ja ganz gut aus, das müssen wir zugeben. Aber wir wollen uns das doch noch einmal genauer ansehen.«
»Selbstverständlich!« Hans Kermel ist das Wohlwollen in Person. »Ich schlage vor, Herr Kuhlbusch, Sie und ich, wir fahren in den nächsten Tagen

mal zu der Firma, die uns die Geräte voraussichtlich liefern wird und sehen uns das vor Ort gemeinsam an.«

»Das wäre 'ne Möglichkeit. Aber auch das müssen wir noch mal bereden.«

»Ich denke«, schaltet sich Karl Schultz noch einmal ein, »Hans-Werner, da solltest du nicht allein hinfahren, einer von uns mindestens sollte noch ...«

»Keine Schwierigkeit«, wieder sofortige Zustimmung durch den Junior-Chef. »Ich darf also zunächst festhalten, dass der Betriebsrat keine Einwände grundsätzlicher Natur hat. Einzelheiten sollten wir nach der Besichtigung der Geräte dann noch absprechen. Tja – war's das dann gewesen, oder gibt es noch weitere Punkte, über die wir heute noch reden müssen? Die Zeit ist schon fortgeschritten und Sie wollen ja sicher auch einmal Feierabend haben.«

Hans-Werner Kuhlbusch wirft noch schnell einen Blick auf das Schreiben, mit dem die Geschäftsleitung den Betriebsrat über ihre Pläne informiert hat. »Doch, da gibt's schon noch etwas. Es geht ja nicht nur um die Geräte und um die Möbel und so. Wir wissen doch alle, dass mit solchen Systemen eine umfassende Leistungs- und Verhaltenskontrolle verbunden ist – und so etwas lehnen wir grundsätzlich ab!«

Schweigen. Kermel schaut mit ernstem Gesicht auf seine Unterlagen. »Herr Kuhlbusch! Ich bin jetzt doch etwas erstaunt über eine solche apodiktische Haltung! Nachdem wir bisher immer, und in dem bisherigen Gespräch ja auch, also wir haben ja immer mit jenem festen Willen zur Einigung miteinander gesprochen, den uns das Betriebsverfassungsgesetz zur Pflicht macht. Und jetzt sollten wir auch an dieses Thema im gleichen Geiste herangehen. Ich will vielleicht doch noch einmal den Hintergrund unserer Überlegungen ausleuchten. Sehen Sie ... Konkurrenzdruck ... Auslastung unserer Anlagen ..., unhaltbarer Zustand, dass wir diese Informationen nicht ..., Schwachstellen-Analyse ..., Reibungsverluste vermeiden ..., auch im Interesse unserer Mitarbeiter ..., Verlust von Konkurrenzfähigkeit zieht den Verlust von Arbeitsplätzen nach sich ..., ernste wirtschaftliche Lage ...«

»Also, so ernst kann die wirtschaftliche Lage ja wohl nicht sein, wenn Sie noch so viel investieren können«, ruft Karl Schultz spontan dazwischen.

»Umgekehrt, Herr Schultz! Umgekehrt wird ein Schuh daraus! Herr Kuhlbusch!« Kermel wendet sich wieder an den Betriebsratsvorsitzenden. »Wir waren uns doch bei der letzten Wirtschaftsausschusssitzung völlig einig: Personalkosten gestiegen ..., Mengen-Umsatz seit Jahren nicht mehr zu steigern gewesen ..., Preisgestaltung tendiert nach unten ...«

»Das ist richtig«, muss der Betriebsratsvorsitzende zugeben, »aber die Kontrolle ...«

»Genau!« Ingrid Stamm ist hörbar der Kragen geplatzt. »Da machen wir nicht mit. Und Sparen immer nur auf unserem Rücken. Nee. Wenn ich sehe, was die Kolleginnen an den Verpackungsmaschinen jetzt schon alles schaffen müssen. Wenn Sie mich fragen, da müssten wir als Erstes mal die Überstunden abbauen. Schließlich haben wir als Betriebsrat ja die Möglichkeit, unsere Zustimmung zu diesen ständigen Überstunden auch mal ...«

»Herr Kuhlbusch!« Hans Kermel ist ehrlich entrüstet. »Das ist doch völlig aus dem Zusammenhang. Abgesehen davon weiß ich wirklich nicht, was denn Ihre Kolleginnen sagen werden, wenn ich auf der nächsten Betriebsversammlung mitteilen muss, dass aufgrund der Intervention des Betriebsrats keine Überstunden mehr gefahren werden dürfen. Also, das sollten Sie sich sehr genau, ich wiederhole, sehr genau überlegen!«

»Das mit den Überstunden«, der Betriebsratsvorsitzende fühlt sich überhaupt nicht wohl in seiner Haut, »das ist ja wirklich 'ne schwierige Geschichte. Da sollten wir ..., aber diese Kontrollangelegenheit, da müssen wir schon noch ran.«

»Ich mache Ihnen einen konkreten Vorschlag, meine Herren«, Kermel lenkt wieder ein, »ich versichere Ihnen hiermit verbindlich, und das können Sie auch ins Protokoll aufnehmen, Frau Stamm, dass wir in keiner Weise die Absicht haben, eine wie auch immer geartete Kontrolle über unsere Mitarbeiterinnen und Mitarbeiter auszuüben. Uns geht es lediglich um solche Dinge wie den Auslastungsgrad und die betriebsablaufbedingten Stillstandzeiten. Eine darüber hinaus gehende Nutzung der gewonnenen Daten für eine Leistungsbemessung ist nicht geplant. Das sage ich Ihnen hiermit verbindlich zu. Sehen Sie, ich habe hier schon mal eine Vereinbarung vorbereitet.«

Hans Kermel reicht dem Betriebsratsvorsitzenden einen klar gegliederten, mehrere Seiten starken Ausdruck über den Tisch. »Sehen Sie zum Beispiel hier – Punkt 2. Da ist das ausdrücklich festgeschrieben. Sehen Sie sich das doch mal an, ob Sie dem nicht zustimmen können.«

Die beiden Betriebsratsmitglieder, die neben Hans-Werner Kuhlbusch sitzen, beugen sich auch über das Papier, das Kuhlbusch rasch überfliegt. Man zeigt dabei auf einige Passagen, kurzes Gemurmel. »Also hier«, Hans-Werner Kuhlbusch zeigt auf einen Punkt auf der Seite 2, »das ist doch nicht genau genug, da müsste es mindestens heißen ...«

So weit, so gut. Oder so schlecht? Wie ist die Verhandlung des Kermel-Betriebsrats bisher gelaufen? Nun, auch als wohlwollender Beobachter muss man wohl sagen, dass er seine Sache nicht besonders gut gemacht hat. Wobei wir bei unserer Kritik immer auch beachten sollten, dass man als nicht direkt am Geschehen Beteiligter natürlich immer schlauer ist, als wenn man mitten in der Hektik und Aufregung einer solchen Verhandlung steckt.

Deshalb also Vorsicht mit Aussagen wie: »Die haben ja wirklich nur Mist gemacht! Bei uns könnte so etwas überhaupt nicht vorkommen!« Und wenn man versucht, auch etwas selbstkritisch an die Sache heranzugehen, stellt man vielleicht doch fest, dass man manches von dem, was dem Betriebsrat der Kermel GmbH passiert ist, auch selber schon erlebt hat.

Um zunächst einmal die gröbsten Fehler herauszufinden, wäre es gut, wenn man beim Durchlesen schon mal am Rand notiert hätte, in welchen Verhandlungssituationen wohl welche Fehler gemacht wurden (und hat man es nicht getan, schadet es gewiss nicht, dies jetzt schnell noch nachzuholen).

In der folgenden Liste lässt sich dann ankreuzen, welche der dort aufgeführten Fehler des Kermel-Betriebsrats auch im eigenen Betriebsrat schon häufiger oder doch jedenfalls von Zeit zu Zeit einmal bei Verhandlungen vorgekommen sind.

Fehler	Das kommt auch bei uns so oder ähnlich vor! **Bitte ankreuzen.**
Der Betriebsrat lässt es zu, dass der Arbeitgeber von Anfang an die Initiative, die Gesprächsleitung übernimmt.	☐
Das ganze Gespräch ist auf den Betriebsratsvorsitzenden konzentriert: Egal um was es geht, immer muss (oder will?) er alles allein machen.	☐
Eine Rollenverteilung und damit eine Entlastung des Vorsitzenden gibt es nicht; und wenn sich einzelne Betriebsratsmitglieder einschalten, geht das manchmal an der Sache vorbei oder weicht von der Linie ab, die der Vorsitzende (hoffentlich!) hat.	☐
Umgekehrt: Vernünftige Redebeiträge und Einwände einzelner Betriebsratsmitglieder werden nicht aufgenommen, sondern zunächst beiseite geschoben und geraten dann in Vergessenheit.	☐
Der Betriebsratsvorsitzende stellt sich nicht vor ein vom Arbeitgeber angegriffenes Betriebsratsmitglied.	☐
Der Betriebsrat lässt sich durch die langen Redebeiträge des Arbeitgebers immer wieder von seinem Thema abbringen.	☐

Fehler	Das kommt auch bei uns so oder ähnlich vor! **Bitte ankreuzen.**
Der Betriebsrat bringt seine Position und seine Forderungen nicht klar genug vor.	☐
Der Betriebsrat lässt sich voreilig auf Kompromisse ein, ohne genau durchdacht zu haben, was die Folgen sein könnten.	☐
Der Betriebsrat gibt sich mit »Zugeständnissen« zufrieden, ohne zu erkennen, dass es sich dabei um Selbstverständlichkeiten handelt bzw. ohne die dahinterstehende Taktik des Arbeitgebers zu durchschauen.	☐
Der Betriebsrat verhandelt nur über die kurzfristigen bzw. vordergründigen Aspekte der Maßnahmen und geht auf die eigentlichen Probleme gar nicht ein.	☐
Der Betriebsrat diskutiert/verhandelt über Informationen bzw. Vorschläge, die der Arbeitgeber erst im Verlauf der Verhandlung neu einbringt.	☐
Ein angefangenes Thema wird nicht ausdiskutiert; es bleibt unklar, was damit weiter geschehen soll.	☐
Der Betriebsrat setzt Druckmittel, die seine Verhandlungsposition verbessern könnten, gar nicht oder im falschen Augenblick ein.	☐

Schaut man sich diese Punkte genau an, kann man schnell feststellen, dass es sich hauptsächlich um Fehler handelt, die ihre wirkliche Ursache nicht nur in einer ziemlich schwachen Verhandlungtechnik haben, sondern vor allem auf eine unzureichende Vorbereitung zurückzuführen sind. So dürften dem Betriebsrat, der die Regeln zur guten Diskussionsführung aus Teil 2 anwendet, etliche der hier aufgefallenen Fehler schon nicht mehr unterlaufen – und um die anderen Fehler soll es jetzt gehen.

Dabei sollte eines aber gleich klargestellt werden: Ob man sich in einer Verhandlung durchsetzt und in welchem Umfang das gelingt, hängt nicht nur von der Art der Vorbereitung und dem Führen einer Verhandlung ab. Es ist immer auch eine Frage von Macht und Gegenmacht: Wer hat die »stärkeren Bataillone«?

> Der Betriebsrat, der zu wenige Informationen und nur unzureichende rechtliche Kenntnisse hat, der Betriebsrat, der keine starke Gewerkschaft im Rücken hat, der Betriebsrat, der für die Durchsetzung seiner Forderung keinen Rückhalt bei einer informierten Belegschaft findet, wird sich auch mit der besten Diskussions- und Verhandlungstechnik kaum durchsetzen können!

Eine Diskussions- und Verhandlungstechnik »mit eingebauter Erfolgsgarantie« kann es also nicht geben. Aber das hier vorgestellte Handwerkszeug kann doch helfen, das, was man weiß und kann, in der wirkungsvollsten Form einzusetzen.

Mit diesen Tricks muss man rechnen

Für jeden, der mit einem »Gegner« über eine Forderung zu verhandeln hat, ist es wichtig, bereits bei der Verhandlungsvorbereitung abschätzen zu können, mit welchen »Tricks« der Verhandlungsgegner vielleicht arbeiten wird. Natürlich ist es nicht möglich, hier alle denkbaren Tricks zu beschreiben. So gibt es zusätzlich zu den hier aufgeführten sicher noch eine ganze Palette »hausgemachter« Methoden. Dennoch dürfte es nicht allzu schwer sein, die hier beschriebenen »Werkzeuge« auf die eigene betriebliche Situation zu übertragen und dabei die bekannten persönlichen Eigenarten »seines« Arbeitgebers mit zu berücksichtigen. Vor einem aber muss dringend gewarnt werden:

Die Versuchung mag groß sein, die dargestellten Methoden auch selber anzuwenden – oder es doch wenigstens zu versuchen. So verständlich der Wunsch auch ist, einen »Gegner mit den eigenen Waffen zu schlagen« – zumindest im Verhältnis von Betriebsrat zu Arbeitgeber würde das kaum funktionieren. Und es hätte für den Betriebsrat sogar negative Folgen:

1. Verhandlungstricks verfangen bei einem **gut geschulten Verhandlungsgegner** nicht (und die meisten Verhandlungsführer der Arbeitgeberseite sind gut geschult). Man wird schnell durchschaut und jede Methode, die als Trick durchschaut wurde, verliert ihre Wirksamkeit.
2. Was aber wichtiger ist: Die **unterschiedliche Interessenlage** von Betriebsrat und Arbeitgeber fordert unterschiedliche Vorgehensweisen.

Der Arbeitgeber kann sehr oft davon profitieren, wenn es ihm gelingt, den Betriebsrat einzuwickeln, abzulenken, zu verunsichern usw. Er kann dadurch Zeit gewinnen (die er nutzen kann, um vollendete Tatsachen zu schaffen) oder versuchen, unpräzise Entscheidungen und faule Kompromisse durchzudrücken.

Der Betriebsrat dagegen, der sich ja rechtlich meist in der schwächeren Position befindet, muss fast immer darauf bedacht sein, möglichst schnell Nägel mit Köpfen zu machen und klare, unmissverständliche Vereinbarungen zu erreichen. Er muss also den Arbeitgeber dazu zwingen, seine Planungen vollständig und präzise auf den Tisch zu legen, mit offenen Karten zu spielen und seine tatsächlichen Argumente zu nennen. Dafür muss der Betriebsrat die Tricks **kennen**, mit denen der Arbeitgeber sich vor dieser »Gefahr« schützen will – sie selbst anzuwenden, würde jedoch mehr schaden als helfen.

Tricks im Vorfeld der Verhandlung

1. Einladung, Terminfestlegung

Der Arbeitgeber versucht, die Vorbereitungszeit des Betriebsrats möglichst einzuschränken, indem er selbst zur Verhandlung einlädt oder Einfluss auf die Terminfestlegung nimmt.

2. Vorabinformation

Art und Umfang der Informationen, die der Arbeitgeber dem Betriebsrat zur Verfügung stellt, beeinflussen auch dessen Chance, sich vorbereiten zu können:
- verschwommene, unklare Beschreibungen des Verhandlungsgegenstands,
- unvollständige Informationen,
- Informationen, die so abgefasst sind, dass sie nur mit speziellen Fachkenntnissen verstanden werden können, über die im Betriebsrat niemand verfügt,
- irreführende Informationen, die für geplante Maßnahmen ganz andere als die tatsächlichen Motive vorschieben,
- Informationen, die so umfangreich und kompliziert sind, dass sie vom Betriebsrat überhaupt nicht bearbeitet werden können.

3. Sitzungsraum

Auch die Wahl des Sitzungsraums hat Bedeutung:
- das »Auswärts-Spiel« ist immer ungünstiger als das »Heimspiel«,
- in einem zu kleinen Raum, wo alles eng aufeinander sitzt, reagiert man unkonzentriert oder gereizt,

- ein zu großer und feudal eingerichteter Raum kann einschüchtern oder man kommt sich etwas verloren vor,
- ein zu kalter oder überheizter Raum beeinträchtigt ebenfalls die Konzentrationsfähigkeit.

4. Sitzordnung

Die Sitzordnung kann ein Über- und Unterordnungsverhältnis symbolisieren oder es wird »Kollegialität« vorgespiegelt:
- Der Chef sitzt mit viel Platz auf dem »Präsidentenstuhl« an der Stirnseite des Tisches, die anderen sind an den Seiten in untergeordneter Position untergebracht, der Betriebsratsvorsitzende (Verhandlungsführer) sitzt irgendwo dazwischen.
- Betriebsratsvorsitzender und Chef sitzen nebeneinander, das ermöglicht dem Arbeitgeber kurze Zwischengespräche, die den anderen Betriebsratsmitgliedern Übereinstimmung und Vertraulichkeit signalisieren sollen.

5. Zeitpunkt

- Vor dem Mittagessen steht man unter Zeitdruck,
- gleich nach dem Mittagessen ist man leicht schläfrig und meist auch gut gelaunt,
- am Nachmittag ist man schon etwas erschöpft und auch der Feierabend lockt.

Beim Einstieg in die Verhandlung

1. Auftritt

Je nachdem, was der Arbeitgeber erreichen will, wird er schon bei seinem ersten Auftritt versuchen, einen bestimmten Eindruck zu erwecken – ernst und besorgt oder heiter und optimistisch, allmächtiger Chef oder Kumpel, zugänglich oder unnahbar. Die Mittel dazu:
- Kleidung (dunkler Anzug oder legere Aufmachung),
- Gesichtsausdruck, Körperhaltung, die Art des Eintretens,
- Zeitpunkt des Erscheinens (zu früh, rechtzeitig, verspätet – alles hat seine besondere Wirkung),
- die Art der Begrüßung (einzeln mit Handschlag, joviales Winken, kurzes strenges Kopfnicken),
- die ersten Sätze (mit einem kleinen Witz oder ernst und verbissen).

2. Gesprächsleitung und Initiative

Der Arbeitgeber versucht (egal, wer die Einladung zu der Sitzung ausgesprochen hat), von Anfang an die Initiative an sich zu ziehen und die Gesprächsleitung zu übernehmen. Dies nutzt er im weiteren Verlauf der Verhandlung dann dazu aus, Wortmeldungen entgegenzunehmen (oder zu übersehen!) und jeden Redebeitrag ohne eigene Wortmeldung zu kommentieren.

3. Sprache

Das gehört nicht nur zum Einstieg, macht sich meist aber gleich zu Beginn bemerkbar – eine bestimmte »Sprache« kann vom Arbeitgeber für die Erreichung eines gewünschten Zieles bewusst eingesetzt werden:
- präzises Hochdeutsch oder Mundart,
- viele Fachausdrücke und Fremdwörter oder »Arbeitersprache« (oder das, was der Arbeitgeber darunter versteht – es ist ja so »menschlich«, wenn sogar der Chef mal »Scheiße« sagt).

Gezielt auf den Betriebsratsvorsitzenden

1. Ständige, direkte Ansprache

Der Arbeitgeber bemüht sich fast immer, den Betriebsratsvorsitzenden und **nur ihn** anzureden. Dadurch erschwert er anderen Betriebsratsmitgliedern, sich in die Verhandlung einzuschalten. Der Vorsitzende gerät unter ständigen Druck, er muss ununterbrochen bei der Sache sein und auf alles und jedes direkt antworten. Das heißt: Eigentlich muss er das natürlich nicht, er wird sich dem Druck der Situation aber nur schwer entziehen können. Und weil er immer am Ball bleiben »muss«, nie Gelegenheit hat nachzudenken, gerät er unter Stress und macht irgendwann Fehler.

Dieser Trick gelingt fast immer, weil er dem Selbstverständnis der meisten Betriebsratsvorsitzenden sehr entgegenkommt, die glauben, es sei Aufgabe eines Verhandlungsführers, zu allem und zu jedem etwas beizutragen.

2. Als »Zeugen« benennen

Der Arbeitgeber ruft den Betriebsratsvorsitzenden als Zeugen für den Inhalt vergangener Gespräche, Äußerungen und Übereinkünfte auf:
- »Sie wissen ja genauso gut wie ich, dass wir auf unserer letzten Wirtschaftsausschusssitzung ...«

- »Bei unserem Vier-Augen-Gespräch vor zwei Wochen haben Sie doch selber gesagt ...«
- »Sie und ich, wir sind uns – wenn auch nach ernsthaftem Gespräch und harter Auseinandersetzung – am Ende doch immer einig geworden ...«

Der Arbeitgeber tut auch hier so, als bestünde der Betriebsrat nur aus dem Vorsitzenden – was der Eitelkeit des Vorsitzenden schmeichelt (und wer ist dagegen schon ganz immun?). Auch wenn die Aussagen des Arbeitgebers vielleicht gar nicht zutreffen, und wenn er die Ergebnisse und Atmosphäre vergangener Gespräche teilweise verdreht wiedergibt, die gewünschte Wirkung wird trotzdem erreicht. Mancher Arbeitgeber wird sich auch nicht scheuen, Privatgespräche und Fehler der Vergangenheit (das »Vier-Augen-Gespräch«) für sich auszuschlachten.

3. Den Vorsitzenden abspalten

Es wurde schon festgestellt: Eitelkeit ist eine bedauerliche, aber weit verbreitete menschliche Schwäche. Und diese kann der Arbeitgeber nutzen, um mit (zum Teil unglaublich plumpen) Schmeicheleien den Vorsitzenden von den übrigen Betriebsratsmitgliedern abzuheben und abzuspalten:
- »Herr Kuhlbusch! Ich habe Sie doch in der Vergangenheit als einen Mann mit scharfem, analytischem Verstand, aber mit Sinn für Realität kennengelernt, nun sagen Sie doch ...«
- »Herr Kuhlbusch, Ihren Äußerungen entnehme ich, dass Sie doch vollkommen durchschaut haben, was ich Ihren Kollegen versuche klarzumachen. Vielleicht können Sie mal erklären ...«

4. Den Vorsitzenden zum Büttel machen

Wird der Arbeitgeber von einem Betriebsratsmitglied einmal etwas schärfer angegangen (vorher im Betriebsrat abgesprochen oder nicht), versucht er, den Vorsitzenden zur Disziplinierung »seiner« Betriebsratsmitglieder zu bewegen:
»Herr Kuhlbusch, bisher haben wir doch immer vernünftig miteinander reden können. Können Sie nicht auf Herrn Schultz einwirken ...«

»Herr Kuhlbusch, Sie sind doch der Verhandlungsführer. Sorgen Sie doch bitte dafür, dass dieser polemische Ton unterbleibt. Das bringt uns doch überhaupt nicht weiter ...«

Ablenken und Verwirren

1. Vom Konkreten aufs Allgemeine ablenken

- »Ja, ja – wir alle müssen immer mehr leisten. Unsere moderne Leistungsgesellschaft verlangt nun mal von jedem von uns ...«
- »Sehen Sie, die allgemeine wirtschaftliche Lage zeigt es doch, dass die Kostenseite immer stärker zu berücksichtigen ist. Ich sage nur: USA! Energiepreise! Das neueste Gutachten des Sachverständigenrats sagt doch auch ...«

2. Randprobleme aufgreifen und auswalzen

- »Da Sie gerade von Sicherheit am Arbeitsplatz reden. Ich mache mir schon seit einiger Zeit Sorgen ...«
- »Sie wissen doch, dass ich mich immer auch für die menschlichen Probleme in unserem Unternehmen interessiere. Wenn es da mit dem Herrn Meyer ein Problem gibt, dann sollten wir das gleich ...«

3. Lange und ausschweifend reden

Der Arbeitgeber nutzt jede Gelegenheit, lange, allgemein und unverbindlich zu reden. Das macht den Betriebsrat ungeduldig. Geht ihm das dann richtig auf die Nerven, macht er Zugeständnisse, nur damit endlich Schluss ist mit dem Geeiere.

4. Autoritäten zitieren

Der Arbeitgeber stellt seine Meinung als eine allgemein gültige Aussage hin: »Es gehört doch ganz unbestritten zu den zentralen Aussagen der Volkswirtschaftslehre, dass ...«

»Das Bundesarbeitsgericht hat doch in dieser Sache schon ein Grundsatzurteil gefällt, in dem gesagt wird ...« (mindestens dabei erschauert jeder Betriebsrat ehrfürchtig!).

Besonders wirkungsvoll ist es, wenn der Arbeitgeber den Betriebsrat in einen (scheinbaren) Widerspruch zu Aussagen tatsächlicher oder vermeintlicher Gewerkschaftsautoritäten setzt:

»Das sieht der Vorsitzende Ihrer Gewerkschaft aber ganz anders, Herr Kuhlbusch. Wenn ich mal zitieren darf ...«

Und das funktioniert deshalb so gut, weil man während einer Verhandlung nicht die Gelegenheit hat nachzuprüfen, ob das Zitat überhaupt stimmt, und ob es nicht – wenn es stimmen sollte – völlig aus dem Zusammenhang gerissen wurde.

5. Das Praxis-Argument

Hierzu nun ein wörtliches Zitat aus einem Ratgeber, der für Verhandlungsführer der Arbeitgeberseite geschrieben wurde:
»Theoretisch gut, praktisch undurchführbar! Dieses Argument verfängt bei einfachen [!] Menschen immer.« So heißt es da. Und weiter: »Geben Sie zu, dass die Sache recht logisch ist. Zeigen Sie dann an einem Beispiel, dass in der Praxis Schwierigkeiten auftreten oder dass ein populäres Anliegen missachtet wird. Das ganze Gedankengebäude des Gegners wird zusammenfallen.«
So ist es. Betriebsräte benutzen das »Praxisargument« selber so oft und gerne, dass sie natürlich ganz begeistert sind, wenn es auch der Arbeitgeber tut.

6. Verwirrung stiften

- Der Arbeitgeber unterschiebt Argumente, die so gar nicht gefallen sind oder vermischt völlig unterschiedliche Argumente miteinander.
- Er reizt einzelne Betriebsratsmitglieder durch zweideutige Bemerkungen oder Unterstellungen zum Zorn (was seine Wirkung hat, auch wenn eine Entschuldigung folgt).
- Er behauptet, Widersprüche in den Aussagen des Betriebsrats entdeckt zu haben.
- Er unterstellt dem Betriebsrat persönliche Angriffe und entrüstet sich darüber; er fühlt sich »menschlich« tief getroffen oder missverstanden.
- Er reitet auf Argumenten herum, von denen er weiß, dass sie den Betriebsrat ärgern und hofft dadurch, den Betriebsrat oder einzelne seiner Mitglieder wütend und unbeherrscht zu machen.

Beliebt und wirkungsvoll ist aber auch die Ja-aber-Taktik:

- Der Arbeitgeber gesteht dem Betriebsrat zunächst »gute Überlegungen« oder »sicher den besten Willen« zu. Das soll dazu führen, dass der Betriebsrat sich gelöst und beruhigt fühlt. Von einem dann folgenden Frontalangriff wird er unvorbereitet getroffen.

Spalten und drohen

1. Den Betriebsrat spalten

Ein solcher Versuch lohnt sich für den Arbeitgeber immer. Er kann dabei die unterschiedlichen Temperamente oder persönlichen Meinungen ausnutzen:

- »Ich wende mich jetzt an diejenigen von Ihnen, die ein Interesse an einer ruhigen und sachlichen Auseinandersetzung haben. Sie werden doch auch sehen, dass unbeherrschte Äußerungen und Polemik uns überhaupt nicht weiterbringen . . .«
- »Lieber Herr Grimmel, Sie haben doch schon vorhin deutlich gemacht, dass Sie Verständnis für unsere Zwangslage haben. Vielleicht wiederholen Sie noch einmal . . .«

Oder er nutzt unterschiedliche Gruppeninteressen für seine Zwecke aus:

- »Zumindest die Angestellten unter Ihnen müssen doch sehen, dass das in ihrem Kreis . . .«
- »Ich bitte Sie! Was für unsere Arbeiter schon lange selbstverständlich ist, muss doch auch unseren Angestellten zugemutet werden dürfen . . .«

2. Betriebsrat und Belegschaft spalten

Das funktioniert ganz ähnlich und meist noch besser als die Spaltung innerhalb des Betriebsrats. Denn hier wird eine oft schwache Stelle erwischt. Der Betriebsrat weiß auch, dass er für eine bestimmte Forderung noch keinen rechten Rückhalt bei der Belegschaft hat oder ist sich da jedenfalls nicht ganz sicher. Hier stößt der Arbeitgeber hinein und verunsichert:

»Abbau von Überstunden ist ein brisantes Thema, auch im Kreise unserer Mitarbeiter. Sind Sie sich da auch ganz sicher . . .«

3. Unbestimmte Drohungen ausstoßen

Der Betriebsrat ist in einer Verhandlung immer in einer schwierigen Situation. Rechtlich sitzt er meist am kürzeren Hebel. Deshalb glaubt er (wie die bisher beschriebenen Tricks zeigen, oft zu Unrecht!) in einer »guten« (soll heißen: konsequent auf Kompromiss bedachten) Verhandlungsatmosphäre mehr erreichen zu können, als durch eine klare Auseinandersetzung. Und das heißt auch, dass sich der Betriebsrat durch die Drohung, seine Haltung werde das Verhandlungsklima stören und die zukünftige Zusammenarbeit erschweren, leicht einschüchtern lässt.

Charakteristisch ist, dass diese Drohungen immer sehr unpräzise bleiben. Da werden »andere Maßnahmen« angedroht, ohne zu sagen, was das für Maßnahmen sein werden.

Eine klare Drohung würde nämlich zeigen, dass der Arbeitgeber sich in Wirklichkeit gar nicht so stark fühlt oder sie würde eine Oppositionshaltung beim Betriebsrat auslösen, an der der Arbeitgeber im Grunde gar kein Interesse hat.

Unter Entscheidungsdruck setzen

1. Sofortige Entscheidung verlangen

- »Wir haben das Problem doch jetzt sorgfältig von allen Seiten beleuchtet. Sie haben Ihren Standpunkt klargemacht, unsere Standpunkte haben sich aber auch einander angenähert. Jetzt müssen wir mal Farbe bekennen ...«
- »Eine klare Situation verlangt klare Entscheidungen. Also sagen Sie doch nun endlich ...«

2. Fertige Beschlussvorlagen auf den Tisch legen

Der Arbeitgeber weiß genau, dass eine sorgfältig formulierte und sauber getippte Vorlage einen Entscheidungssog ausübt. Also legt er den fertigen Entwurf einer Betriebsvereinbarung vor, der so ausgefeilt ist, dass er dazu verführt, sich sofort (und das heißt: unüberlegt!) damit zu beschäftigen.

3. Überraschende neue Informationen

Der Betriebsrat will möglichst eine Verhandlung mit konkreten Ergebnissen abschließen – was im Prinzip auch richtig ist. Das bedeutet aber oft, dass er sich scheut, eine Verhandlung ohne Ergebnis abzubrechen. Dies nutzt der Arbeitgeber aus, um völlig neue Informationen in die Verhandlung einzuführen und auf ihrer Grundlage eine schnelle Entscheidung zu erzwingen, die unter diesen Umständen nicht durchdacht sein muss.

4. Schein-Zugeständnisse machen

Der gut vorbereitete Verhandlungsgegner wird immer etwas in der Hand haben, was er dem Betriebsrat als »Erfolg« zugestehen kann. Und wenn der Betriebsrat schon lange ohne fassbares Ergebnis verhandelt hat, ist er auch so weit, dass er selbst das kleinste Entgegenkommen des Arbeitgebers als »Erfolg« verbuchen **will**.

Im Ergebnis aber hat er sich dann mit blanken Selbstverständlichkeiten oder mit völlig unsicheren und verschwommenen Zugeständnissen abspeisen lassen, nur weil er sich gescheut hat, die Verhandlung ohne Erfolg abzubrechen und andere Maßnahmen in die Wege zu leiten.

Diese Auflistung von Verhandlungsmethoden und Tricks der Arbeitgeber kann natürlich – wie gesagt – nicht vollständig sein. Aber sie zeigt, was alles möglich ist und wie oft auch eine gute Portion Schauspielerei mit im Spiele ist.

Alles in allem ist es auch gar nicht so wichtig, dass man **jeden** Trick kennt, weil es für den Betriebsrat auch nicht etwa darauf ankommt, für jeden Trick einen Gegentrick parat zu haben.

Das gegen alle Tricks gleichermaßen wirksame Gegenmittel ist einfach nur eine konkrete, präzise Vorbereitung, eine genaue Absprache der Vorgehensweise und damit Klarheit über das Vorgehen bei allen Betriebsratsmitgliedern.

Gut vorbereitet ist halb gewonnen . . .

. . . oder vielleicht auch etwas weniger als halb gewonnen. Denn ob man sich durchsetzt und in welchem Umfang das gelingt, hängt schließlich von einer Vielzahl von Faktoren ab, die ein Betriebsrat gar nicht alle beeinflussen kann.

Trotzdem kommt es für den Betriebsrat natürlich darauf an, den Ablauf einer kommenden Verhandlung so genau wie möglich vorauszuplanen und sein Vorgehen detailliert festzulegen. Dabei gilt es selbstverständlich, die Regeln für die Diskussionsleitung, die im Teil 2 (»Sitzungen«) erarbeitet und dargestellt wurden, auch für die Diskussion zur Verhandlungsvorbereitung in vollem Umfang anzuwenden. Wobei die Verhandlungsvorbereitung allerdings eine besondere Form der Diskussion ist, die zusätzliche, besondere Regeln erfordert!

Umgekehrt umfasst die Diskussionstechnik, mit der wir uns im Teil 2 beschäftigt haben, immer schon ein Stück Verhandlungsvorbereitung: Der Betriebsrat hat das anstehende Problem von allen Seiten beleuchtet, hat sich ein genaues Bild von der Situation gemacht und sich eine Meinung dazu gebildet – die Marschrichtung einer kommenden Verhandlung sollte also eigentlich bereits klar sein. Wozu dann noch eine gesonderte Diskussionsrunde zur Verhandlungsvorbereitung? Wird da nicht nur alles überflüssigerweise noch einmal durchgekaut?

Nun, nehmen wir einmal an, der Betriebsrat habe seine Gliederungspunkte unter Beachtung aller Regeln der Reihe nach durchdiskutiert. Er weiß jetzt, welche konkreten Probleme er zu lösen hat und wie eine Problemlösung aus seiner Sicht ungefähr aussehen müsste. Mit diesen Vorstellungen über eine Problemlösung schon in eine Verhandlung zu gehen, wäre allerdings ziemlich gefährlich. Es könnte eine Menge passieren, worauf der Betriebsrat sich in seiner bisherigen – vor allem ja inhaltlichen – Diskussion noch nicht vorbereitet hat.

Kurzum: Es genügt also nicht, wenn dem Betriebsrat der Inhalt der Verhandlung klar ist, auch der Ablauf muss – soweit das möglich ist – exakt vorausgeplant sein. Bei dieser Diskussion kann der Betriebsrat fast immer folgende Arbeitsschritte einhalten, die er der Reihe nach behandeln muss:

1. Verhandlungspunkte festlegen

Der Betriebsrat wird zunächst besprechen, welche Punkte in der Verhandlung überhaupt zur Sprache gebracht werden sollen und in welcher Reihenfolge diese eingebracht werden. Dabei muss er berücksichtigen, dass es über- und untergeordnete Verhandlungspunkte gibt.

Ein Beispiel für eine mögliche Diskussion der vorzubereitenden Verhandlungspunkte wäre diese Gliederung:

---

1. Verhandlung über Art und Umfang der geplanten Maßnahme
Wird die Maßnahme überhaupt durchgeführt? Wenn ja, wie sieht sie konkret aus?
2. Verhandlung über den Zeitplan der Einführung
Wann wird begonnen? Was ist der erste Schritt? Welche Schritte schließen sich in welcher zeitlichen Abfolge an? Was ist der letzte Schritt und wann wird die Verwirklichung der Gesamtmaßnahme abgeschlossen sein?
3. Verhandlung über die personellen Konsequenzen
Müssen tatsächlich Arbeitsplätze wegfallen? Wie muss die Mindestbesetzung der Arbeitsplätze nach Durchführung der Maßnahme aussehen? Sind Änderungskündigungen, Versetzungen, Umsetzungen notwendig/möglich? In welchem Umfang, wo, zu welchem Zeitpunkt? Sind Personalreserven ausreichend berücksichtigt? Welche weiteren Maßnahmen zur Erhaltung der Arbeitsplätze sind nötig/möglich – Überstundenabbau, Umorganisation, Frühverrentung, Ausnutzen der Fluktuation?

4. Verhandlung über Entlohnungsfolgen
Sind mit der Maßnahme Um- oder Abgruppierungen verbunden? Für welche Arbeitnehmer nach welchem Zeitplan? Besitzstandwahrung?
5. Verhandlung über die Grenzen einer Leistungs- und Verhaltenskontrolle
6. Verhandlung über die menschengerechte Gestaltung der Arbeitsplätze und über notwendige Maßnahmen der Arbeitssicherheit
7. Verhandlung über notwendige Fortbildungs- und Umschulungsmaßnahmen

Selbstverständlich ist diese Gliederung nur ein Beispiel, wenn auch eines, das man besonders oft übernehmen kann. Und auch die dabei stehenden Fragen sind zwar sehr oft, aber nicht immer mit dem zur Verhandlung anstehenden Problem verbunden. Aber wie auch immer die Gliederung – je nach Thema – inhaltlich aussehen mag:

Die Rangfolge der Verhandlungspunkte ist nicht beliebig!

So könnte beispielsweise die Versuchung sehr groß sein, als erstes über die personellen Konsequenzen zu verhandeln, weil diese Fragen jedem Betriebsrat natürlich am meisten auf den Nägeln brennen. Das aber wäre fast immer ein Fehler! Denn ehe man über die personellen Folgen einer Maßnahme verhandeln kann, muss man natürlich geklärt haben, ob eine Maßnahme überhaupt durchgeführt wird oder wie und nach welchem Zeitplan dies geschehen soll.

2. Forderungen und Verhandlungsspielraum festlegen

»Forderungen und Verhandlungsspielraum festlegen« – das klingt so klar, selbstverständlich und einfach und geht in der Praxis doch so oft schief. Was zunächst einmal daran liegen könnte, dass die Forderung selber nicht genau und konkret genug formuliert worden ist:

> Hans-Werner Kuhlbusch: Damit ist die Forderung also klar – eine Leistungskontrolle der Kolleginnen an den Verpackungsmaschinen durch Produktionsdaten-Erfassungsgeräte darf es nicht geben!

Eine so formulierte Forderung klingt großartig, ist aber alles andere als klar! Sie gibt dem Arbeitgeber in der Verhandlung die Möglichkeit, sich mit unverbindlichen oder zu verschwommenen Zusagen aus der Affäre zu ziehen (wie unsere Beispielverhandlung zu Beginn dieses Teils, ab Seite 76, eindrücklich gezeigt hat).

Eine Forderung muss also immer ganz detailliert formuliert sein!

Für den Beispielfall Kermel GmbH müsste etwa festgelegt werden:
- Welche Daten (Stillstandgründe) dürfen überhaupt erfasst werden?
- Wie soll verhindert werden, dass die erfassten Leistungsdaten auf einzelne Kolleginnen zurückgeführt werden können (zum Beispiel durch Erfassung nur nach Maschinengruppen)?
- Wer wertet die Daten aus? Wann müssen sie gelöscht werden?
- Wo dürfen die Daten gespeichert oder wohin dürfen sie übertragen werden?
   und so weiter und so fort ...

Aber auch die genaue Festlegung der Wunschforderung allein genügt nicht. Man mag das bedauern, aber es ist nun einmal so, dass das Ergebnis der Verhandlung fast immer ein Kompromiss sein wird – und darauf muss der Betriebsrat vorbereitet sein.

Der Betriebsrat muss also den Spielraum festlegen, den er sich selbst für das Aushandeln dieses Kompromisses vorgibt!

Praktisch bedeutet das, dass er zwei Forderungen festzulegen hat: Die Forderung, mit der er in die Verhandlung hineingeht **(Maximal-Forderung)** und die Forderung, die die absolute Untergrenze darstellt, bis zu der der Betriebsrat in der Verhandlung allerhöchstens zurückweichen will **(Minimal-Forderung)**. Bezogen auf den Kermel-Fall könnte das in Kurzfassung vielleicht so aussehen:

Maximal-Forderung:
Überhaupt keine Produktionsdaten-Erfassung.

Minimal-Forderung:
Produktionsdaten-Erfassungsgeräte ja, aber ...
- keine personenbezogenen Stillstandgründe,
- Erfassen der Leistungsdaten nur für Maschinengruppen,
- Übertragung der erfassten Daten in die zentrale EDV nur in zusammengefasster, statistischer Form.

Bei der Festlegung dieses Verhandlungsspielraums muss der Betriebsrat zwei wichtige Gedanken berücksichtigen:

Die Maximal-Forderung muss noch realistisch sein!

Wenn der Betriebsrat eine Maximal-Forderung festlegen würde, für deren Durchsetzung er sich selbst schon kaum eine Chance ausrechnet, dann wird er in der Verhandlung dafür auch nicht ernsthaft kämpfen. Bereits beim ersten Widerstand des Arbeitgebers wird er von dieser Maximal-Forderung wieder abrücken. Hat ein Prozess des Zurückweichens ohne wirkliche Auseinandersetzung aber erst einmal begonnen, ist er nicht mehr so leicht aufzuhalten. Die Folge ist, dass der Betriebsrat weiter zurückweicht, als es eigentlich unumgänglich gewesen wäre – manchmal sogar trotz aller guten Vorsätze bis unter die Minimal-Forderung.

Der Verhandlungsspielraum darf nicht zu groß sein!

Das hängt eng mit dem ersten Punkt zusammen. Nur wenn der Verhandlungsspielraum ganz knapp gehalten wird, ist der Betriebsrat in der Lage, den einkalkulierten Prozess des Zurückweichens zu kontrollieren. Nur dann wird er um jeden »Zentimeter Boden«, den er aufgibt, wirklich kämpfen.

3. Alle Argumente zusammentragen und mögliche Gegenargumente des Arbeitgebers entkräften

Hier wird der Betriebsrat natürlich sehr stark auf die vorangegangenen inhaltlichen Diskussionen zurückgreifen. Denn bei der Diskussion über die Situation und ihre Bewertung durch den Betriebsrat dürften fast alle verwertbaren Argumente bereits genannt worden sein. Diese müssen für die Verhandlungsvorbereitung jetzt nur aufgegriffen und den einzelnen Forderungen zugeordnet werden.

Neu ist nur der Versuch, jetzt schon einmal zu überlegen, was wohl der Arbeitgeber an Gegenargumenten bringen könnte. Dieses Sich-Hinein-Versetzen in die Situation des Arbeitgebers verhindert, dass man in der Verhandlung gleich auf das erste Gegenargument völlig überrascht und unter Umständen sprachlos reagiert.

Außerdem fallen einem dabei oft auch noch zusätzliche Argumente ein, die geeignet sind, den Arbeitgeber zu überzeugen, weil sie seine Sichtweise des Problems stärker berücksichtigen.

4. Einsatz der Machtmittel des Betriebsrats vorausplanen

Argumente, gut und klar formuliert, sind für jede Verhandlung von zentraler Bedeutung. Sie haben aber einen Nachteil: In einer Verhandlung zwischen Betriebsrat und Arbeitgeber setzt sich nicht immer der durch, der die besseren Argumente hat – oder das doch jedenfalls von sich glaubt (meist glauben das nämlich beide Seiten). Auch neigt man oft dazu, sich in sein so aufwändig errichtetes, wunderschönes Argumentationsgebäude zu »verlieben«. Und dann kann man sich nicht einmal mehr vorstellen, dass der Verhandlungs-gegner sich durch diese Argumentation **nicht** überzeugen lassen könnte.

In Wahrheit – und eigentlich weiß man das als Betriebsrat ja auch – ist das natürlich ganz anders. Betriebsrat und Arbeitgeber betrachten ein und das-selbe Problem mit völlig anderen Augen und gehen mit höchst unterschied-lichen, ja, gegensätzlichen Interessen an seine Lösung heran. Argumente, die einem Betriebsrat völlig einleuchtend und durchschlagend erscheinen, entlo-cken einem Arbeitgeber vielleicht nur ein müdes Lächeln ...

Eine Verhandlung ist also (leider) nicht nur eine Frage der besseren oder schlechteren Argumente, sondern auch und vor allem eine **Machtfrage**. Ist der Betriebsrat fest davon überzeugt, dass die von ihm erarbeiteten Forderungen eine für die gesamte Belegschaft und für die einzelnen Betroffenen bessere Lösung darstellen, dann muss er auch bereit sein, der Macht des Arbeitgebers alle »Gegen-Machtmittel« entgegenzusetzen, die ihm zur Verfügung stehen. Muss der Betriebsrat also damit rechnen, dass er sich in einer Verhandlung mit Argumenten allein nicht durchsetzen wird (und das muss er fast immer!), dann ist **vor** der Verhandlung zu überlegen, welche Machtmittel man einsetzen kann, um die eigene Position zu verbessern.

Einige dieser Mittel liegen in der konsequenten Anwendung der Rechte, die das Betriebsverfassungsgesetz dem Betriebsrat gibt. Nun ist es damit gerade bei den wichtigen Themen so weit nicht her, aber einiges kann man bei strikter Anwendung doch erreichen. Ohne hier näher darauf einzugehen:

Es gibt sie, die erzwingbaren Informationsrechte und die dazu ge-hörenden Strafvorschriften! Es gibt die Möglichkeit, den Arbeitgeber an der Schaffung vollendeter Tatsachen zu hindern! Und es lassen sich sogar unterschiedliche Mitwirkungsrechte miteinander kombinieren!

So sind die Mitwirkungsrechte des Betriebsrats bei Rationalisierungsfragen zwar ziemlich schwach, die Rechte im sozialen Mitbestimmungsbereich aber relativ stärker – etwa, was die Genehmigung von Überstunden betrifft. Das lässt sich verbinden und ausnutzen, wenn man es nur will.

Wichtige Machtmittel des Betriebsrats liegen aber auch im nicht-juristischen Bereich. Dafür muss man sich nur einmal klar machen, dass jede Maßnahme des Arbeitgebers in der Regel eine nüchterne Rechenaufgabe ist. Den Kosten auf der einen Seite steht ein erhoffter Ertrag auf der anderen Seite gegenüber. Zum Teil lassen sich diese Kosten sehr exakt vorausberechnen: Investitionsaufwand einschließlich der Kreditkosten, Rohstoffe, Material, Personalkosten ... Es gibt aber auch etwas, das sich nicht so leicht vorausberechnen lässt:

Jede Maßnahme des Arbeitgebers wird nur dann wirklich funktionieren, wenn sie von den Menschen, die sie in die Tat umsetzen müssen, jedenfalls halbwegs akzeptiert wird. Anders herum betrachtet: Heimlicher oder offener Widerstand gegen eine Maßnahme, Unzufriedenheit oder Unruhe sind (manchmal ganz erhebliche) Kostenfaktoren, mit denen auch ein Arbeitgeber rechnen muss. Ob nun aber eine Belegschaft eine Maßnahme akzeptiert oder sie rundweg ablehnt, hängt sehr stark auch vom Verhalten, von der »Politik« des Betriebsrats ab. Auch das ist ein Machtmittel – und der Betriebsrat muss bereit sein, es zu benutzen.

Betriebs- oder Abteilungsversammlungen, Flugblattaktionen, eine Betriebsratzeitung, Informationen im Intranet und natürlich auch Gespräche, die die Betriebsratsmitglieder an den Arbeitsplätzen führen – all das können Machtmittel sein, wenn sie richtig eingesetzt werden. Ebenso auch Öffentlichkeitsarbeit außerhalb des Betriebs: ein Presseartikel, öffentliche Veranstaltungen und Informationsaktionen können ein Unternehmen empfindlich treffen, weil ja auch der gute Ruf in der Öffentlichkeit für viele Unternehmen (vor allem für Marken-Unternehmen) ein Kapital darstellt, das man nicht leichtfertig aufs Spiel setzen will.

Das sind Mittel, die in der Verhandlung angedroht werden können, um den Arbeitgeber kompromissbereiter zu stimmen. Denn er wird die Kosten solcher Betriebsratsaktionen in seine Kalkulation mit einbeziehen müssen und sich ausrechnen können, was ihn billiger kommt – ein Kompromiss mit dem Betriebsrat, den dieser mittragen kann, oder die kompromisslose Durchsetzung seines Planes gegen den Widerstand von Betriebsrat und Belegschaft.

Zurück zur konkreten Vorbereitungsdiskussion. Neben den Sach-Argumenten muss der Betriebsrat immer auch Folgendes überlegen:
- In welcher Verhandlungssituation will man mit welchem Machtmittel drohen?
- Welche der denkbaren Möglichkeiten sind realisierbar und versprechen ausreichenden Erfolg?

- Mit welchen Gegenmaßnahmen kann man rechnen?
- Mit welchen Vorbereitungen muss man gleich beginnen?

5. Verhandlungsablauf und Rollenverteilung festlegen

Wenn es um die Vorausplanung des Verhandlungsverlaufs geht ist das zunächst nur die systematische Auflistung und Zusammenstellung all der Punkte, die bereits besprochen wurden:
- Verhandlungspunkte in der zeitlichen Reihenfolge,
- Maximal- und Minimalforderungen,
- Argumente des Betriebsrats, mögliche Gegenargumente des Arbeitgebers und die Gegen-Gegenargumente,
- rechtliche Grundlagen,
- anzudrohende Machtmittel.

Dabei hat sich eine stichwortartige, tabellarische Aufmachung besonders gut bewährt. Am günstigsten ist es, wenn diese für alle sichtbar auf einen großen Bogen Packpapier, ein Flipchart oder auch eine Tafel geschrieben wird. Und so in etwa sollte dieses Schema aussehen:

Verhandlungspunkte	Minimal- und Maximalforderung	Argumente	Gegenargumente des Arbeitgebers	Gegen-Gegenargumente	§§	Machtmittel
1.						
2.						

Der nächste Schritt ist dann die Rollenverteilung. Dazu gehört auch, dass der Betriebsrat festlegt, wer von seiner Seite aus überhaupt an der Verhandlung teilnehmen wird. Hier sind unterschiedliche Vorgehensweisen denkbar. Unmöglich ist nur, dass der Vorsitzende allein verhandelt – auch Vorsitzender und Stellvertreter reichen als Verhandlungskommission nicht aus. Das Beste ist meistens:

Der ganze Betriebsrat nimmt an der Verhandlung teil!

Das hat seine Vor- und Nachteile. Der Nachteil könnte sein, dass mit der Zahl der beteiligten Personen auch das Risiko steigt, dass irgendwer von der vereinbarten Verhandlungslinie abweicht oder dass es sonst zu Verwirrungen kommt. Der Vorteil ist, dass alle Betriebsratsmitglieder aus eigener Anschauung wissen, was gelaufen ist und später das Ergebnis auch nach außen besser vertreten können. Außerdem machen sich alle mit der Verhandlungssituation vertraut und wachsen so allmählich in diese Aufgabe hinein. Zumindest bei Gremien mit bis zu sieben Betriebsratsmitgliedern ist es deshalb immer zu empfehlen, komplett aufzulaufen (jedenfalls bei wichtigen Verhandlungen).

Eine Verhandlungskommission wird gebildet!

Dies ist vor allem größeren Betriebsratsgremien vorbehalten. Man sollte dann aber die Verhandlungskommission immer von Fall zu Fall neu und anders zusammensetzen. Also keine feste Verhandlungskommission bilden, die immer und über alles verhandelt! Immer werden in der Verhandlungskommission der Betriebsratsvorsitzende und sein Stellvertreter sitzen. Dazu kommen dann Betriebsratsmitglieder, die sich zum Verhandlungsgegenstand besonders gut auskennen. Man sollte aber darauf achten, dass im Laufe der Zeit alle Betriebsratsmitglieder einmal Mitglied einer Verhandlungskommission werden.

Ein Ausschuss wird mit der Verhandlungsführung beauftragt!

Wo es in größeren Betriebsratsgremien (mindestens neun Mitglieder) Ausschüsse mit eigenen Entscheidungsbefugnissen gibt (das muss in der Geschäftsordnung des Betriebsrats schriftlich festgelegt sein), kann auch ein solcher mit dem Verhandlungsgegenstand sowieso beschäftigter Ausschuss die Verhandlung übernehmen.

Ist der Personenkreis bestimmt, der an der Verhandlung teilnehmen soll, muss die Rollenverteilung innerhalb dieses Kreises ganz genau und in allen Einzelheiten festgelegt werden – so zum Beispiel:

- Wer bringt die Forderungen und ersten Argumente ein (das wird in der Regel der Verhandlungsführer sein)?
- Wer ist der Verhandlungsführer (normalerweise der Vorsitzende)?
- Wer bringt danach wann die weiteren Argumente vor? (Dabei persönliche Kenntnisse und Erfahrungen berücksichtigen!)
- Wer ist der »Rechtsexperte« und wer der »Kämpferische« (der im Fall des Falles die Drohungen vorbringt)?
- Wer führt das Protokoll?

Ist das geklärt, dann muss nur noch eines sichergestellt werden:

6. Jeder, der an der Verhandlung beteiligt ist, hat alle Unterlagen zur Verfügung

Dazu gehören: Die grafische Übersicht über den Verhandlungsablauf (verkleinert und kopiert oder abgetippt), Mitteilungen des Arbeitgebers, Gesetzestexte, Betriebsvereinbarungen, Tarifverträge und nicht zuletzt natürlich die persönlichen Notizen über die Verhandlungsvorbereitung.

Der Rahmen muss stimmen

Eine ganze Reihe der Methoden, die ab Seite 81 als Verhandlungsmittel der Arbeitgeber beschrieben wurden, verlieren ihre Wirksamkeit allein schon dadurch, dass sie als das durchschaut werden, was sie sind – Tricks! Großartige Gegenmittel zu ersinnen und einzusetzen, wäre dabei unnötige Mühe. Es genügt ja, dass der Betriebsrat den heiter beschwingten oder betrübt pessimistischen Auftritt des Arbeitgebers als anerkennenswerte schauspielerische Leistung »würdigt«. Wenn er sich davon nicht beeindrucken lässt, warum sollte er dann noch weitere Gegenmaßnahmen ergreifen?

Aber trotzdem – der Rahmen für die Verhandlung, der ja auf jeden Fall die Stimmung beeinflusst, muss schon stimmen. Denn er ist nicht unwichtig für die anzustrebende Chancengleichheit während der Verhandlung.

Einladung, Termin und Zeitpunkt

Wann kommt es überhaupt zu einer Verhandlung? Immer wenn entweder ...
- der Betriebsrat eine Beschwerde oder einen Verbesserungsvorschlag vorbringen und darüber verhandeln will, oder wenn ...

- der Arbeitgeber eine Maßnahme plant, zu der dem Betriebsrat Beratungs-, Mitwirkungs- oder Mitbestimmungsrechte zustehen.

Damit könnte auch (jedenfalls theoretisch) geklärt sein, wer der jeweils Einladende ist: Immer der nämlich, der etwas von dem anderen will – im ersten Fall also der Betriebsrat, im zweiten Fall der Arbeitgeber.

Nun wird sich der Betriebsrat aber auf keinen Fall darauf verlassen dürfen, dass der Arbeitgeber immer von sich aus und rechtzeitig zu einem Gespräch über eine von ihm geplante Maßnahme einlädt. Im Gegenteil: Der Betriebsrat wird sehr häufig, wenn er Grund zu der Annahme hat, dass da wieder was »im Busch« ist, den Arbeitgeber einladen, um mit ihm über die Herausgabe von Informationen zu verhandeln.

In der Praxis müsste also eigentlich der Betriebsrat sehr viel häufiger als der Arbeitgeber zu einer Verhandlung einladen, denn er hat ja ein Interesse daran, Probleme so früh wie möglich zu erkennen und über deren Lösung zu verhandeln – der Arbeitgeber hat dieses Interesse sehr viel seltener. Wie auch immer: Zu Gesprächen und Verhandlungen kann es auf drei Wegen kommen:

1. Im Rahmen der monatlichen gemeinsamen Sitzungen

§ 74 BetrVG legt fest, dass Arbeitgeber und Betriebsrat mindestens einmal im Monat zu einer gemeinsamen Sitzung zusammenkommen **sollen**. Diese Sitzungen müssen nicht, können aber auch für Verhandlungen genutzt werden. Daran wird dann normalerweise der gesamte Betriebsrat teilnehmen. Nur bei größeren Betriebsratsgremien (mit neun oder mehr Mitgliedern) kann durch Beschluss des Betriebsrats diese Aufgabe auch an den Betriebsausschuss (siehe § 27 BetrVG) oder – zu einem konkreten Thema – an einen anderen nach § 28 BetrVG gebildeten Ausschuss übertragen werden.

Nun gibt es aber längst nicht in allen Betrieben solche regelmäßigen gemeinsamen Sitzungen. Dagegen ist rein rechtlich auch nicht viel einzuwenden, denn es handelt sich beim § 74 Abs. 1 BetrVG nur um eine **Soll-**, nicht um eine **Muss-Vorschrift**. Diese Soll-Vorschrift bedeutet jedoch, dass es genügt, wenn nur eine Seite (Betriebsrat oder Arbeitgeber) den Wunsch nach einer solchen Sitzung äußert (also eine Einladung ausspricht).

Weigert sich dann der Arbeitgeber mehrfach und ohne triftigen Grund, einer solchen Einladung durch den Betriebsrat zu folgen, ist das eine grobe Pflichtverletzung – das Gesetz sagt ja, er soll es tun. Dies würde dem Betriebsrat die Möglichkeit geben, nach § 23 Abs. 3 BetrVG durch das Arbeitsgericht den Arbeitgeber an den Verhandlungstisch zu zwingen.

Der Arbeitgeber muss übrigens nicht unbedingt persönlich zu diesen Besprechungen erscheinen, er kann auch eine Vertretung schicken. Andererseits muss sich der Betriebsrat nicht mit jedem Gesprächs- und Verhandlungspartner abfinden, der ihm präsentiert wird. Er braucht nur Personen zu akzeptieren, die die benötigten Entscheidungsbefugnisse und Fachkenntnisse besitzen.

2. Als extra angesetzter Verhandlungstermin

Zusätzlich zu den festen Terminen kann der Betriebsrat natürlich den Arbeitgeber jederzeit zu einer Verhandlung einladen und mit deren Führung dann auch eine (von Fall zu Fall zusammenzusetzende) Verhandlungskommission beauftragen.

3. Im Rahmen der »normalen« Betriebsratssitzungen

Auch zu einer ganz normalen Betriebsratssitzung kann der Betriebsratsvorsitzende den Arbeitgeber einladen (gezielt zu einem oder mehreren Tagesordnungspunkten) und dabei kann dann natürlich ebenfalls verhandelt werden. Auch hier ist der Arbeitgeber grundsätzlich zum Erscheinen verpflichtet. Vor allem in diesem Fall muss streng darauf geachtet werden, dass nicht etwa in Anwesenheit des Arbeitgebers Diskussionen innerhalb des Betriebsrats stattfinden oder gar Beschlüsse gefasst werden. Alle für eine Verhandlung notwendigen Beschlüsse muss der Betriebsrat schon vorher bei der Vorbereitungsdiskussion gefasst haben – egal in welchem Rahmen die Verhandlung dann stattfindet.

Werden Beschlüsse durch den Ablauf der Verhandlung über den Haufen geworfen oder stellen sie sich als unzureichend heraus, dann muss die Verhandlung eben unterbrochen werden, bis der Betriebsrat neue Beschlüsse diskutiert und verabschiedet hat – allein!

Dazu noch ein sehr wichtiger Hinweis:

Gespräche oder Verhandlungen zwischen Betriebsrat und Arbeitgeber haben von Seiten des Betriebsrats meist zwei unterschiedliche Zielsetzungen:

- Der Betriebsrat will aus dem Arbeitgeber so viele Informationen wie möglich herausholen, er verhandelt also über die Herausgabe von Informationen.
- Der Betriebsrat will mit dem Arbeitgeber über eine Problemlösung (die genaue Regelung einer vom Arbeitgeber geplanten oder vom Betriebsrat vorgeschlagenen Maßnahme) verhandeln.

Diese beiden Zielsetzungen dürfen auf keinen Fall miteinander vermischt werden!

Will der Betriebsrat, um ein Problem beurteilen zu können, noch Informationen bekommen, dann soll er **nur darüber** verhandeln! Und während dieser Informationsverhandlung darf es dann **keinerlei inhaltliche Diskussion** geben, mit der die Informationen bewertet werden! Und erst recht keine Beschlüsse!

Hat der Betriebsrat sein Ziel erreicht, hat er also alle benötigten Informationen bekommen, wird er diese erst einmal unter sich in einer Betriebsratssitzung auswerten, diskutieren und seine Forderungen festlegen. Dann erst kommt es zu der zweiten Art von Verhandlung, in der es um die Durchsetzung der Forderungen des Betriebsrats zur Lösung des Problems geht, über das er sich zunächst nur informiert hatte.

> **Der Arbeitgeber hingegen wird fast immer versuchen, diese beiden Arten von Verhandlung miteinander zu vermengen! Darauf braucht der Betriebsrat sich nicht einzulassen und er darf sich auch nicht darauf einlassen!**

Aber zurück zum »Rahmen« der Verhandlung. Letztlich ist es natürlich von zweitrangiger Bedeutung, in welcher äußeren Form die Verhandlungen stattfinden. Bedeutung hat vor allem die Frage, **wer** zu einer Verhandlung **einlädt**.

In den Fällen 1 (monatliches Routinetreffen) und 2 (Extratermin) können jeweils beide Seiten, im Fall 3 (Betriebsratssitzung) immer nur der Betriebsratsvorsitzende einladen (allerdings ist er verpflichtet, dies zu tun, wenn der Arbeitgeber von ihm die Einberufung einer Betriebsratssitzung verlangt – aber auch dann bleibt er der Einladende). Bedeutung hat diese Frage deshalb, weil der Einladende mit der Einladung zusammen einen Vorschlag macht, wann und wo die Sitzung stattfinden soll.

In den Fällen 1 und 2 sollen sich Betriebsrat und Arbeitgeber auf einen für beide Seiten günstigen Termin einigen. Im Fall 3 bestimmt der Betriebsratsvorsitzende Zeitpunkt und Ort der Betriebsratssitzung.

> **In keinem Fall kann der Arbeitgeber allein über Zeitpunkt und Ort einer Verhandlung entscheiden!**

Umso mehr darf man sich darüber wundern, dass das in der Praxis sehr oft genau so zu sein scheint. Das mag damit zusammenhängen, dass die Ehrfurcht des Betriebsrats vor den Terminverpflichtungen des Arbeitgebers zu groß ist. Es mag aber auch sein, dass der Betriebsrat die Bedeutung des Zeitpunkts für den Ablauf der Verhandlung unterschätzt (siehe Seite 82).

Für die Wahl des günstigsten Zeitpunkts gilt jedenfalls das gleiche, was schon zum optimalen Zeitpunkt für eine Betriebsratssitzung gesagt wurde:

> **Auch eine Verhandlung sollte immer an den Anfang der Arbeitszeit gelegt werden, um Zeitdruck durch Mittagessen oder Feierabend zu vermeiden und um sicherzustellen, dass alle Betriebsratsmitglieder noch frisch und aufnahmefähig sind!**

Raum und Sitzordnung

Auch hier sollte der Betriebsrat den Einfluss, den Raumgröße und -ausstattung auf die Stimmung der Betriebsratsmitglieder haben, nicht unterschätzen (siehe Seite 82). Er sollte also auf einen Raum bestehen, der ihm wirklich geeignet erscheint.

Dabei muss auch die mögliche Sitzordnung beachtet werden. Wichtig ist dabei eigentlich nur eines: Die beiden verhandelnden Parteien sitzen sich klar getrennt gegenüber, die jeweiligen Verhandlungsführer in der Mitte ihrer Gruppe.

Gesprächsleitung

Wer im Verlauf einer Verhandlung die Gesprächsführung hat, ist eigentlich nur dann klar geregelt, wenn die Verhandlung im Rahmen einer normalen Betriebsratssitzung stattfindet. Dann hat – wie immer bei einer Betriebsratssitzung – der Betriebsratsvorsitzende die Gesprächsführung. Er nimmt alle Wortmeldungen (auch die der Arbeitgeberseite!) entgegen und führt die Rednerliste.

Für die (in § 74 BetrVG geregelten) gemeinsamen Sitzungen und für sonstige, extra angesetzte Verhandlungstermine gibt es eine solche Regelung nicht.

Der Arbeitgeber wird deshalb fast immer versuchen, die Gesprächsleitung zu übernehmen, weil er sich (mit Recht) Vorteile davon verspricht. Dies sollte der Betriebsrat(svorsitzende) auf jeden Fall verhindern und möglichst selbst die Gesprächsleitung übernehmen. Im Falle der normalen Betriebsratssitzung ist das – wie gesagt – klar geregelt, in den anderen Fällen kann das auf Widerstand des Arbeitgebers stoßen.

Wenn es also zu Meinungsverschiedenheiten kommt, kann der Betriebsrat folgende Regelung vorschlagen und vereinbaren:

1. Die Gesprächsleitung hat jeweils derjenige, der auch die Einladung ausgesprochen hat.

2. Der Gesprächsleiter beschränkt sich darauf, die Wortmeldungen entgegenzunehmen und nach der Rednerliste das Wort zu erteilen.

Will der Gesprächsleiter (und das will und muss er natürlich häufiger) inhaltlich in die Verhandlung eingreifen, eine Stellungnahme abgeben, Argumente und Informationen einbringen, muss er sich wie jeder andere auch zu Wort melden und sich selber auf die Rednerliste setzen. Auf diese Weise wird verhindert, dass der Gesprächsleiter seine Position ausnutzt, um zum Beispiel jeden Redebeitrag der anderen Verhandlungsteilnehmer immer sofort zu kommentieren und ohne Rücksicht auf die Wortmeldungen der anderen ständig außer der Reihe das Wort zu nehmen.

Zur Sache kommen, bei der Sache bleiben

Wenn man sich noch einmal überlegt, wie stark die Entscheidungsbefugnisse des Arbeitgebers und wie schwach im Verhältnis dazu die Mitwirkungs- und Mitbestimmungsrechte des Betriebsrats gerade bei den wichtigeren Fragen sind, dann fragt man sich, warum der Arbeitgeber überhaupt Zuflucht zu Verhandlungtricks nimmt. Er könnte doch seine Absichten und Pläne einfach auf den Tisch legen und sagen: Das, Betriebsrat, will ich! Du kannst mich an einigen Stellen dazu zwingen, ein bisschen was zu ändern, wenn du deine Rechte einsetzt. Aber letzten Endes werde ich mich doch durchsetzen, denn ich habe die stärkeren Rechte!

Das aber tut der Arbeitgeber – meistens jedenfalls – nicht oder doch nicht gleich. Er versucht vielmehr (von jenen seltenen Fällen abgesehen, in denen eine Verhandlung eine Sachauseinandersetzung auf »gleicher Augenhöhe« ist) abzulenken, zu täuschen und zu verwirren. Warum? Offensichtlich, weil er seine Macht so unverhüllt nicht einsetzen **will**.

Er möchte vielmehr erreichen, dass der Betriebsrat seinen Plänen (wenn vielleicht auch zähneknirschend) zustimmt. Er möchte einen offenen Konflikt mit dem Betriebsrat vermeiden, weil er befürchten muss, dass ein solcher Konflikt auf die ganze Belegschaft übergreift und damit die Umsetzung seiner Pläne in die Praxis mindestens erschwert würde.

Er will also durch den Einsatz von Verhandlungtricks eine Zustimmung des Betriebsrats ohne größeren Konflikt bekommen. Natürlich weiß der Arbeitgeber, dass er dabei auch Zugeständnisse wird machen müssen. Aber diese Zugeständnisse werden (so hofft er mit Recht) kleiner sein, als bei einer offenen Konfliktaustragung – mindestens aber billiger!

Für den Betriebsrat kommt es während der Verhandlung also darauf an, dass die unterschiedlichen, ja gegensätzlichen Positionen so klar wie möglich auf den Tisch kommen. Jede Verschleierung und Ablenkung schwächt die Verhandlungsposition des Betriebsrats. Deshalb:

Regel 1:

Sofort zum Thema kommen! Das Problem aus Sicht des Betriebsrats kurz und genau beschreiben!

Das wird immer der Verhandlungsführer, im Normalfall also der Betriebsratsvorsitzende, tun. Keinesfalls darf diese einleitende Beschreibung des Verhandlungsthemas allein dem Arbeitgeber überlassen werden. Die Art und Weise, wie ein Verhandlungsgegenstand als Einleitung beschrieben wird, bestimmt nämlich sehr stark die Stoßrichtung des dann folgenden Austauschs von Argumenten. Sie bestimmt, was überhaupt zur Sprache kommt und in welchem Maß der Betriebsrat eine realistische Chance erhält, die vorher abgesprochene Verhandlungsstrategie auch in die Praxis umzusetzen.

Nun lässt sich der Arbeitgeber vielleicht nicht daran hindern, das Verhandlungsthema auch aus seiner Sicht zu beschreiben. Auf jeden Fall aber muss der Verhandlungsführer des Betriebsrats – selbst auf die Gefahr hin, dass sich manches wiederholt – das anstehende Problem aus seiner Sicht kurz, aber vollständig beschreiben. Denn auf diese, seine Beschreibung kann er sich immer wieder beziehen, wenn es um die Einhaltung der im Betriebsrat abgesprochenen Verhandlungsstrategie geht. Dabei muss der Betriebsrat vor allem darauf achten, dass die **Rangfolge der Verhandlungspunkte** so eingehalten wird, wie er sie sich zurechtgelegt hat (siehe Seite 91).

Dem Arbeitgeber wird das möglicherweise nicht gefallen. Denn diese klare Beschreibung des Themas aus Betriebsratsicht setzt ihn unter den Druck, auch selbst konkret Stellung zu nehmen. Sie macht Ablenkungsmanöver für ihn schwieriger. Trotzdem wird er in der Regel versuchen, bei der ersten sich bietenden Gelegenheit dazwischen zu gehen, den Betriebsratsvorsitzenden zu unterbrechen oder nach der Problemdarstellung des Betriebsrats doch vom Thema abzulenken. Deshalb gilt von Anfang an:

Regel 2:

Sich nicht ablenken lassen! Ablenkungs- und andere taktische Manöver des Arbeitgebers aufdecken und zum Thema zurückführen!

Wenn am Anfang dieses Kapitels von Konfliktbereitschaft die Rede war, heißt das nicht, dass der Betriebsrat betont aggressiv auftreten sollte. Es heißt nur, klar und höflich, aber auch konsequent und hart bei der Sache zu bleiben.

Was macht man also, wenn sich der Arbeitgeber in seiner Einleitung zum wiederholten Male lang und breit über die weltwirtschaftliche Lage im Allgemeinen und die Situation der mittelständischen Unternehmen im Besonderen verbreitet? Geht man dazwischen und unterbricht (etwa so: »Herr Kermel, das wissen wir doch alles. Das ist aber jetzt nicht unser Thema. Wir wollen ...«)?

Ob das der richtige Weg ist, hängt von der Situation, von der Person des Arbeitgebers und von den bisherigen Erfahrungen mit Verhandlungen ab.

Meistens ist es das Günstigste, sich das Ablenkungsmanöver in aller Ruhe und Freundlichkeit anzuhören und dann, wenn der Arbeitgeber fertig ist, ebenso ruhig und freundlich an dem Punkt wieder anzusetzen, wo man war, bevor der Arbeitgeber seine Rede gestartet hat. Entscheidend ist dabei, auf den Inhalt der Ablenkungsrede überhaupt **nicht einzugehen**, um dem Arbeitgeber jede Gelegenheit zu nehmen, diesen Faden erneut aufzunehmen – man ignoriert das Gesagte einfach (»Herr Kermel, ich hatte vorhin gesagt, dass wir das Problem ...«).

Die erzieherische Wirkung ist dabei in aller Regel sehr gut. Da der Arbeitgeber nicht blöd ist, merkt er natürlich, dass seine Ablenkungsversuche nicht greifen. Und das wird ihn mehr oder weniger schnell zu der Einsicht bringen, dass ihm seine Tricks nichts mehr nützen. Letztlich kostet die Zeit, die dabei draufgeht, ja auch sein Geld.

Denkbar ist natürlich auch, dass ein Arbeitgeber ganz ohne Rücksicht darauf, ob er die gewünschte Wirkung erzielt oder nicht, trotzdem ständig ellenlange Reden vom Stapel lässt – zum Beispiel um Zeit zu gewinnen und dann unter Vorschiebung anderer Termine das Gespräch einfach abzubrechen.

Wenn das der Fall ist (so was weiß man ja aus Erfahrung), dann muss natürlich etwas härter durchgegriffen werden:

Unterbrechen, ganz deutlich sagen, dass man die dahinter stehende Absicht durchschaut hat und den eigentlichen Diskussionspunkt benennen (»Herr Kermel – wenn ich Sie mal unterbrechen darf! Sie sprechen jetzt schon einige Minuten über Themen, die wir bei der letzten und vorletzten Sitzung bereits ausführlich diskutiert haben. Und ich will Ihnen auch sagen, was Sie damit beabsichtigen. Sie reden jetzt so lange, dass uns am Ende keine Zeit mehr für die Diskussion der wirklich wichtigen Punkte bleibt. Unsere Frage war ...«)!

Ein Ablenkungsmanöver zu erkennen und die Verhandlung wieder zum eigentlichen Verhandlungspunkt zurückzuführen, ist übrigens gar nicht so einfach, wie sich das hier anhört.

Die Hauptgefahr liegt darin, dass man spontan (wütend, gereizt, neugierig oder auch belustigt) auf »Reiz-Formulierungen« des Arbeitgebers reagiert. Das ist sehr oft vom Verhandlungsgegner auch genauso beabsichtigt. Und tatsächlich ist die Versuchung ja sehr groß, auf das übliche Klagen (»Sie müssen das doch sehen, die allgemeine wirtschaftliche Lage ist nun einmal ...«) durch das Formulieren einer Gegenposition zu antworten. Und schon steckt man in der schönsten Diskussion über die »Finanzkrise« oder die »Globalisierung« fest – und das eigentliche Thema ist (wenigstens zeitweise) vom Tisch.

Oder der Arbeitgeber bringt die Sprache auf ein (unter Umständen wichtiges, aber nicht zum Thema gehörendes) Randproblem, von dem er vermutet, dass der Betriebsrat darauf anspringen wird (»Die Humanisierung der Arbeit ist ja ein sehr wichtiges Thema. Lassen Sie mich dazu einmal eine These formulieren ...« Oder: »Tatsächlich? Da gibt es also konkrete Beschwerden unserer Mitarbeiter? Berichten Sie doch mal ...«). Und schon ist man wieder weg vom Thema.

Das für den Betriebsrat besonders wichtige Zurückführen zum Thema setzt allerdings voraus, dass jedes Betriebsratsmitglied und vor allem natürlich der Verhandlungsführer im Verlauf der Verhandlungen Stichwortnotizen machen. Nur dann kann man nach einem möglicherweise wirklich verwirrenden Redebeitrag des Arbeitgebers noch wissen, was besprochen wurde, als der Arbeitgeber mit seiner Ablenkung begann.

Dabei kann es übrigens sehr wirkungsvoll sein, wenn diese Aufgabe durch ein anderes Betriebsratsmitglied und nicht durch den Verhandlungsführer übernommen wird. Für diesen Fall bekommt dann ein Betriebsratsmitglied bei der Rollenverteilung vor der Verhandlung die Rolle zugeteilt, nach jeder Abschweifung in der beschriebenen Art aufs Thema zurück zu führen, ehe dann der Verhandlungsführer wieder übernimmt.

Die Verhaltensregel zu den Ablenkungsmanövern steht übrigens deshalb schon hier beim Einstieg in die Verhandlung, weil sich eben meist am Anfang einer Verhandlung – oft schon während der Problembeschreibung – entscheidet, ob der Arbeitgeber mit seinen Ablenkungsmanövern Erfolg haben wird oder nicht. Ansonsten aber gilt:

Regel 3:

Sofort nach der Beschreibung des Problems die Forderungen des Betriebsrats kurz und genau vorbringen!

Idealerweise sind also Problembeschreibung und Formulierung der Forderungen eine Einheit. Allerdings wird der Betriebsrat sein Pulver nicht gleich am Anfang komplett verschießen. Nach einer Beschreibung des Gesamtproblems wird der Verhandlungsführer nur den ersten Verhandlungspunkt nennen und die dazu gehörende Forderung vortragen.

Dies ist deshalb so wichtig, weil nur die klare Formulierung einer **Forderung** es dem Arbeitgeber wirklich schwer macht, noch einmal lang und breit die Hintergründe seiner Planungen und Entscheidungen darzustellen und dabei alle möglichen Ablenkungsversuche zu machen. Sie zwingt ihn dazu, gleich zum Konkreten zu kommen (und erleichtert es dem Betriebsrat, nach einer Ablenkung wieder zum Thema zurückzuführen). Noch einmal:

Der Betriebsrat will dafür sorgen, dass bei den Maßnahmen des Arbeitgebers die Interessen der Arbeitnehmer so weit wie irgend durchsetzbar berücksichtigt werden. Dazu hat er klare und detaillierte Forderungen aufgestellt. Und nur über diese Forderungen will und wird er jetzt verhandeln!

Die eigenen Forderungen sind also die Leitlinie für die Verhandlungsführung des Betriebsrats, nicht die Situation des Unternehmens oder die betriebswirtschaftlichen Gründe für die vom Arbeitgeber geplante Maßnahme. Die wirtschaftliche Situation ist vom Betriebsrat ja schon vor der Verhandlung diskutiert worden. Er hat sich dazu eine Meinung gebildet und aufgrund seiner Einschätzung der Situation seine Forderungen formuliert.

Kommen nun im Verlauf der Verhandlung Informationen neu auf den Tisch, die den Betriebsrat dazu zwingen könnten, seine bisherige Einschätzung zu ändern und unter Umständen neue und andere Forderungen aufzustellen, dann müssen diese Informationen zur Kenntnis genommen werden – und: Die Verhandlung wird abgebrochen, damit der Betriebsrat die Möglichkeit hat, unter sich die (verändert erscheinende) Situation erneut zu besprechen!

Gibt es keinen Anlass, seine Meinung zu überprüfen, bleibt es bei den »alten« Forderungen. Und alle Argumente, die der Betriebsrat vorbringt, dienen nur dem Ziel, diese Forderungen zu unterstützen. Alles andere muss beiseite gelassen oder beiseite geschoben werden. Das ist ja auch alles vorher schon abgesprochen worden – jetzt kommt es nur noch darauf an, auch ganz konsequent dabei zu bleiben.

Regel 4:

Genau den vorausgeplanten Verhandlungsablauf und die abgesprochene Rollenverteilung einhalten!

Jedes Betriebsratsmitglied hat das Ergebnis der Verhandlungsvorbereitung schriftlich vor sich liegen, kann sich daran orientieren und muss darauf achten, dass man auf keinen Fall davon abweicht. Auch wenn der Arbeitgeber immer wieder den Versuch machen sollte, nur den Vorsitzenden anzusprechen, müssen sich die, die nach Ablaufplan und Rollenverteilung dran sind, zu Wort melden. Oder der Betriebsratsvorsitzende wird das betreffende Betriebsratsmitglied dazu auffordern und ihm das Stichwort zu seinem »Auftritt« in Erinnerung rufen.

Wird das von allen Betriebsratsmitgliedern konsequent so gemacht, dann werden sich dem Arbeitgeber kaum noch Möglichkeiten bieten, erfolgreich vom Thema abzulenken – und wenn er es trotzdem versucht, wird er damit ins Leere laufen.

Nüchtern, klar, mit Konsequenzen

Alles, was der Betriebsrat während der Verhandlung zu tun hat, richtet sich allein auf das Ziel, von seinen Forderungen so viel wie irgend möglich durchzusetzen. Und der Arbeitgeber will dies – im Rahmen seiner Interessen – möglichst verhindern. Ob er ablenkt, verwirrt, Scheinangebote macht, neue Informationen aus der Tasche zaubert oder unklare Drohungen ausspricht – alles läuft darauf hinaus. Für den Arbeitgeber geht es also in aller Regel darum, klare Stellungnahmen so lange wie möglich zu vermeiden. Deshalb:

Regel 5:

Immer wieder zu konkreten Stellungnahmen zwingen! Klare Ja-Nein-Fragen stellen!

Jeder Betriebsrat geht (verständlicherweise) in eine Verhandlung hinein, mit dem Ziel, Ergebnisse zu bekommen. Dieser feste Vorsatz kann aber – so richtig und wichtig er auch ist – zu einer **Schwäche** des Betriebsrats werden. In der Praxis führt eine zu starke »Ergebnisfixierung« nämlich oft dazu, dass der Betriebsrat sich lieber mit **irgendeinem** Ergebnis zufrieden gibt, als ein Scheitern der Verhandlung zu riskieren.

Der kluge Arbeitgeber wird diese Grundeinstellung des Betriebsrats nutzen, um mit einer Mischung aus Ablenkung, Einwickeln und Härte zu versuchen, beim Betriebsrat eine Stimmung zu erzeugen, in der dieser schon mit dem kleinsten Zuckerstückchen zufrieden ist, das ihm hingeworfen wird. Und wenn der Arbeitgeber es nur schafft, sich lange genug durch unverbindliche Floskeln und langatmige Ausführungen vor irgendeiner konkreten Aussage zu drücken, dann hat er den Betriebsrat auch bald so weit.

> **Hauptziel des Betriebsrats muss es zunächst sein, klare Fronten zu schaffen! Ein klares »Nein« des Arbeitgebers bietet für die weitere Verhandlung einen weit besseren Ausgangspunkt als irgendeine verschwommene und bei genauer Betrachtung belanglose Teilzusage!**

Die meisten Arbeitgeber werden sich aber vor so einem deutlichen »Nein« (erst recht natürlich vor einem »Ja«) drücken, weil sie eine klare Frontstellung möglichst vermeiden wollen.

Deshalb ist das Hauptinstrument des Betriebsrats in einer Verhandlung die klare Ja-Nein-Frage, die immer wieder in den verschiedensten Verhandlungssituationen gestellt werden muss: »Sehen Sie das nun auch so oder nicht?« – »Wollen Sie das nun oder nicht?« – »Stimmen Sie dem zu oder nicht? Zu welchen Punkten genau?«

Das Problem ist nur, dass auch viele Betriebsräte vor einer klaren Frontstellung zurückschrecken, die die Folge einer solchen Verhandlungstaktik wäre. In geradezu rührender Weise hängen viele Betriebsräte noch dem Glauben an, nur in »einer guten Verhandlungsatmosphäre« könnten sie wirklich etwas erreichen. Und da kann man dem Arbeitgeber doch nicht **so** kommen, so klar und kompromisslos. Vielleicht wird der Arbeitgeber dann sauer und man bekommt überhaupt nichts mehr durch ...

Der Arbeitgeber hingegen macht (normalerweise) seine Entscheidungen etwa über Art und Umfang einer Rationalisierungsmaßnahme nicht von solchen Stimmungsfragen abhängig. So etwas wird kalkuliert, da gibt es vorgegebene Entscheidungsspielräume und es werden – wie schon gesagt – Kosten gegen Kosten gerechnet. Und nur wenn die Auseinandersetzung um eine Maßnahme mehr kostet als sie voraussichtlich einbringt, werden Kompromisse gemacht. Das ist jedenfalls die Regel, wenn man von den eher seltenen Fällen absieht, in denen die Sachargumente des Betriebsrats den Arbeitgeber tatsächlich überzeugen. Das wird wohl immer nur dann der Fall sein, wenn die Ideen des Betriebsrats den Interessen des Arbeitgebers mindestens ebenso weitgehend nützen wie dessen ursprüngliche Planung.

Häufiger kommt es aber zu einer Kombination: Die Forderungen des Betriebsrats berücksichtigen zum Teil auch die Interessen des Arbeitgebers, sodass dieser zusammen mit den vermiedenen Kosten einer längeren Auseinandersetzung bei der Zustimmung zu den Betriebsratsforderungen das bessere Geschäft zu machen glaubt. Der kluge Betriebsrat wird also immer nach Argumenten suchen, die seine Forderungen auch aus betriebswirtschaftlicher Sicht vorteilhaft erscheinen lassen.

In jedem Fall aber sind klare Frontstellungen, verbunden mit einer konsequenten, nüchternen Auseinandersetzung, das einzige Mittel, mit dem der Betriebsrat ausloten kann, wo die Grenze tatsächlich verläuft, bis zu der der Arbeitgeber Zugeständnisse machen kann. Verzichtet man darauf, dann bedeutet das, dass man das Mögliche eben nicht voll erreichen wird – dafür hat man allerdings ein »gutes Klima«.

Und nicht einmal das stimmt wirklich. Dass eine klare und in der Sache harte Verhandlungsstrategie letztendlich dem Arbeitgeber mehr Respekt abnötigt, als das ängstliche Bemühen, die »Atmosphäre nicht zu versauen«, das erfahren viele Betriebsräte dann, wenn sie es einmal ausprobiert haben. Abgesehen davon, dass eine klare Verhandlungsführung höfliche und persönlich durchaus freundliche Umgangsformen ganz und gar nicht ausschließt. In jedem Fall ist die folgende Regel für den Betriebsrat besonders wichtig:

Regel 6:

Um die Maximal-Forderung kämpfen! Keinen Zentimeter kampflos nachgeben! Auf keinen Fall hinter die Minimal-Forderung zurückgehen!

Es wurde schon zur Verhandlungsvorbereitung gesagt:

Die Maximal-Forderung darf keine Schein-Forderung sein! Der Betriebsrat muss bereit sein, sich mit allen seinen Mitteln für ihre Verwirklichung einzusetzen!

Gerade wenn der Betriebsrat in seiner Verhandlungsführung Härte zeigt, wenn er Ablenkungsmanöver durchkreuzt und sich auch von unklaren Drohungen nicht beeindrucken lässt, wird der Arbeitgeber Zugeständnisse machen.

Trotzdem schadet es bestimmt nicht, wenn der Betriebsrat **jedem** Zugeständnis des Arbeitgebers erst einmal mit gesundem Misstrauen begegnet. Allzu oft sind es nämlich Scheinzugeständnisse, die – später und in Ruhe betrachtet – weit hinter dem zurückbleiben, was der Betriebsrat hatte erreichen wollen. Sie wurden gemacht, um den Betriebsrat erst einmal zu beruhigen, ihm ein Erfolgserlebnis zu verschaffen und dadurch einzulullen.

> **Jedes Zugeständnis muss also sorgfältig mit den Forderungen verglichen werden, die der Betriebsrat vor der Verhandlung beschlossen hat! Und bei der kleinsten Abweichung muss die Verhandlung unterbrochen werden, damit der Betriebsrat das Angebot in Ruhe prüfen kann, ehe er sich entscheidet und weiter verhandelt!**

Das gilt natürlich vor allem für Kompromissvorschläge, in denen Formulierungen auftauchen wie: »Wir werden alles tun, um . . .« – »Sie können sicher sein, dass . . .« – »Das versteht sich doch von selbst . . .«

Oft haben Zugeständnisse des Arbeitgebers auch nur am Rande etwas mit dem Problem zu tun, das gerade verhandelt wird. Wie war das etwa in der Beispielverhandlung (ab Seite 74) bei der Kermel GmbH? Da hat der Arbeitgeber dem Betriebsratsvorsitzenden vorgeschlagen, mit ihm zu dem Systemanbieter zu fahren, um sich dort zu informieren. Solche »Randzugeständnisse« kann man ja – wenn sie vernünftig sind – gerne »mitnehmen«. Man muss aber auch ihre Funktion durchschauen: Sie sollen die Stimmung für den Arbeitgeber positiver gestalten und die »starre« Haltung des Betriebsrats auflockern (»Ich bin Ihnen doch entgegengekommen, nun müssen Sie aber auch . . .«).

Aber wie auch immer: Merkt der Betriebsrat, dass er mit Argumenten allein nichts erreicht, dann muss er auch bereit sein, einen Schritt weiter zu gehen. Nämlich:

Regel 7:

Den Einsatz der vorher abgesprochenen Machtmittel glaubhaft androhen!

Leider ist es nicht möglich, präzise Angaben über den richtigen Zeitpunkt für das Einbringen solcher Druckmittel zu machen.

Man kann sich eine solche Drohung in einer Situation vorstellen, in der der Arbeitgeber erste Unsicherheiten zeigt und man ihm jetzt »den Rest geben« will. Oder wenn man selber schrittweise bis kurz vor die vorher festgelegte Minimal-Forderung zurückgewichen ist. Letztlich bleibt es aber eine Frage, die in der konkreten Situation mit Fingerspitzengefühl entschieden werden muss. Über zwei Dinge allerdings muss man sich dabei klar sein:

1. Der Einsatz von Druckmitteln führt nicht immer und nicht sofort zu einem Erfolg. Der stellt sich manchmal erst dann ein, wenn der Arbeitgeber merkt, dass es dem Betriebsrat wirklich ernst ist, manchmal auch dann, wenn die Drohungen verwirklicht worden sind und manchmal – warum sollte man das abstreiten – auch überhaupt nicht.

2. Hat man eine Drohung ausgesprochen und der sichtbare Erfolg bleibt zunächst aus (was sehr oft der Fall sein wird), dann darf man auf keinen Fall weiter verhandeln als sei nichts geschehen. Denn dadurch würde natürlich jede Drohung ihre Glaubwürdigkeit verlieren. Wer »dicke Backen« macht, muss auch »pfeifen«. Deshalb gilt:

Regel 8:

Wenn es sein muss, die Verhandlung abbrechen oder unterbrechen!

Es ist erstaunlich, wie sehr Betriebsräte vor dem Schritt, eine Verhandlung abzubrechen, zurückschrecken. Umso notwendiger ist es, sich schon vor der Verhandlung mit dieser Möglichkeit vertraut zu machen.

Hat man also eine Drohung ausgestoßen und der Arbeitgeber »bewegt« sich nicht, dann muss man ernst machen. Dann muss die Betriebsversammlung in der entsprechend verschärften Form kommen, dann muss die »einstweilige Verfügung« in die Wege geleitet werden – oder was eben sonst »angedroht« worden ist.

Der Betriebsrat darf nicht zum »Papiertiger« werden – die Folgen für alle künftigen Verhandlungen wären verheerend.

> **Wenn ein Betriebsrat nicht ernsthaft bereit ist, eine Drohung in die Tat umzusetzen, dann sollte er ganz die Finger davon lassen! Und das muss er sich schon bei der Verhandlungsvorbereitung genau überlegt haben!**

Selbstverständlich ist, dass man auch allen Spaltungsversuchen des Arbeitgebers energisch entgegentritt. Auch wenn einem Betriebsratsmitglied mal unplanmäßig »die Pferde durchgehen« und der Arbeitgeber die Gelegenheit nutzt, einen Gegenangriff zu starten oder den aus der Rolle gefallenen Verhandlungteilnehmer vom Rest des Betriebsrats zu isolieren, müssen sich Betriebsratsvorsitzender und alle anderen Betriebsratsmitglieder sofort hinter den betreffenden Kollegen stellen (hinterher – unter sich – kann man ihm dann ja immer noch den Kopf waschen). Und:

Entwickeln sich Unsicherheit, Verwirrung oder sogar Uneinigkeit unter den Betriebsratsmitgliedern, muss der Betriebsratsvorsitzende die Verhandlung abbrechen!

Wenn irgend möglich, sollte er das aber nicht sofort nach einer »Entgleisung« tun. Das Abbrechen würde dann als Disziplinierungsmaßnahme gegenüber dem in Rage gekommenen Kollegen verstanden werden. Diesen Eindruck beim Arbeitgeber zu erwecken, sollte man aber vermeiden.

Es gibt natürlich noch eine ganze Reihe anderer Gründe, die den Betriebsrat dazu bringen können, eine Verhandlung abzubrechen oder zu unterbrechen. Teilweise sind sie schon genannt worden. Hier eine Auflistung:

- Wenn der Arbeitgeber neue Informationen einbringt, die bei der Verhandlungsvorbereitung noch nicht bekannt waren.
- Wenn der Arbeitgeber Zugeständnisse macht, deren Folgen der Betriebsrat im Augenblick nicht überschauen kann.
- Wenn der Arbeitgeber fertige Beschlussvorlagen (zum Beispiel Entwürfe von Betriebsvereinbarungen) oder anderes neues Material vorlegt.
- Wenn der Betriebsrat mit dem Einsatz von Machtmitteln gedroht hat, ohne eine sichtbare Wirkung zu erzielen.
- Wenn trotz aller Absprachen doch Meinungsverschiedenheiten innerhalb des Betriebsrats oder Unsicherheit bei einigen Betriebsratsmitgliedern spürbar werden.
- Wenn der Betriebsrat bis zur Minimal-Forderung zurückgewichen ist, ohne eine Einigung erzielt zu haben.

Zu einem solchen Abbrechen gehört Mut, vor allem, wenn man es zum ersten Mal tut. Aber ein Weiterverhandeln würde in diesen Situationen mit ziemlicher Sicherheit zu schlechten Ergebnissen führen, über die man sich später ärgert. Nimmt man aber an, dass zumindest ein Teil der Forderungen durchgesetzt wurde, dann gilt zu guter Letzt:

Regel 9:

Alle Ergebnisse mit allen Einzelheiten schriftlich festhalten! Für alle Zusagen und Vereinbarungen konkrete Termine festlegen! Termin für weitere Verhandlungen festlegen!

Dies festzuhalten ist natürlich Aufgabe des Protokollführers. Bequemlichkeit führt manchmal dazu, diese Aufgabe der Arbeitgeberseite zu überlassen (Chef-Sekretärin). Nun kann auch niemand den Arbeitgeber daran hindern, ein Protokoll führen zu lassen. Aber der Betriebsrat muss auf jeden Fall auch sein **eigenes Protokoll** anfertigen.

Die darin enthaltenen Vereinbarungen und Zusagen sollten nach der Verhandlung dem Arbeitgeber zur Kenntnisnahme und zum Gegenzeichnen vorgelegt werden. Nicht immer geht es ja um Betriebsvereinbarungen, die sowieso irgendwann schriftlich niedergelegt und unterschrieben werden müssen. Man wird staunen, wie oft nach dem Vergleich der beiden Protokolle noch eine zusätzliche Klarstellung notwendig ist.

Die wichtigsten Regeln auf einen Blick

Verhandlungsvorbereitung

Themen und Forderungen

- Festlegen, über welche Punkte in der kommenden Verhandlung gesprochen werden soll. Dabei sinnvolle Reihenfolge aufstellen; sehr oft:
  - Verhandlung über Art und Umfang der Maßnahme,
  - Verhandlung über Zeitplan der Realisierung,
  - Verhandlung über personelle Konsequenzen,
  - Verhandlung über sonstige Folgen (Entlohnung, Arbeitsbedingungen, Qualifikation).
- Zwei Forderungen festlegen. Maximal- und Minimal-Forderung genau und in allen Einzelheiten formulieren. Dabei beachten:
  - Maximal-Forderung muss realistisch sein, keine Schein-Forderung.
  - Unterschied zwischen Maximal- und Minimal-Forderung (Verhandlungsspielraum) klein halten.
- Zu jeder Forderung alle Argumente zusammentragen.

Einsatz von Machtmitteln

- Mögliche Androhung von Machtmitteln überlegen und vorausplanen:
  - In welcher Verhandlungssituation soll/kann mit welchem Machtmittel gedroht werden (zum Beispiel Betriebsversammlung, Flugblatt- oder Unterschriftenaktion, Betriebsrats-Zeitung, Presse- und Öffentlichkeitsarbeit)?
  - Welche Machtmittel stehen zur Verfügung und versprechen ausreichenden Erfolg?
  - Mit welchen Gegenmaßnahmen muss gerechnet werden?
  - Was kann/muss gleich vorbereitet werden (zum Beispiel Termine festlegen, mit Vertrauensleuten und Betroffenen reden)?

Verhandlungsablauf und Rollenverteilung

- Verhandlungsablauf und Rollenverteilung festlegen. Für alle sichtbar in Stichworten notieren. Später auf kleines Blatt übertragen und für alle vervielfältigen. Für Verhandlungsablauf festlegen:
  - Verhandlungspunkte,
  - Maximal-/Minimal-Forderungen,

- eigene Argumente,
- mögliche Gegenargumente des Arbeitgebers,
- Gegen-Gegenargumente,
- rechtliche Grundlagen,
- einzusetzende Druckmittel.
- Für Rollenverteilung festlegen:
  - Wer bringt Forderungen und erste Argumente ein?
  - Wer bringt wann welche weiteren Argumente vor?
  - Wer passt auf Abweichungen vom Plan auf und führt zurück?
  - Wer behält die rechtlichen Grundlagen im Blick?
  - Wer bringt die beabsichtigten Drohungen wann vor?
  - Wer führt das Protokoll?
- Sicherstellen, dass alle an der Verhandlung Beteiligten alle Unterlagen zur Verfügung haben.

Verhandlungsführung

Rahmen

- Äußere Form festlegen:
  - gemeinsame Sitzung (§ 74 BetrVG),
  - gesonderter Termin (für Verhandlungskommission),
  - reguläre Betriebsratssitzung.
- Entsprechende Einladung formulieren und zustellen;
  - an Arbeitgeber,
  - wenn gewünscht und nötig, an Gewerkschaftssekretär.
- Zeitpunkt durchsetzen, der für die Betriebsratsmitglieder günstig ist.
- Sitzordnung durchsetzen, bei der sich die Verhandlungsgegner gegenüber sitzen.

Einstieg

- Gesprächsleitung übernehmen! Wenn das nicht möglich ist, Vereinbarung treffen, dass
  - immer der Einladende die Gesprächsleitung übernimmt,
  - der Gesprächsleiter nur die Wortmeldungen entgegennimmt, Rednerliste führt und das Wort erteilt (keine Kommentare und Beiträge außer der Reihe).
- Sofort zum Thema kommen! Das Problem aus Sicht des Betriebsrats kurz und genau beschreiben!

- Sofort nach Beschreibung des Problems die Forderungen des Betriebsrats zum ersten Verhandlungspunkt klar auf den Tisch legen!
- Sich nicht ablenken lassen! Ablenkungsmanöver und andere Taktiken des Arbeitgebers aufdecken und zum Thema zurückführen!

Ablauf

- Genau den vorausgeplanten Verhandlungsablauf und die abgesprochene Rollenverteilung einhalten!
- Immer wieder den Arbeitgeber zu konkreten Stellungnahmen zwingen! Klare Ja-Nein-Fragen stellen!
- Um die Maximal-Forderung wirklich kämpfen! Keinen Zentimeter kampflos nachgeben! Auf keinen Fall hinter die Minimal-Forderung zurückgehen!
- Den Einsatz vorher abgesprochener Machtmittel glaubhaft androhen!
- Wenn es sein muss, die Verhandlung abbrechen oder unterbrechen! Wenn ...
  - eine Drohung keinen sichtbaren Erfolg gehabt hat,
  - der Arbeitgeber neue Informationen bringt,
  - der Arbeitgeber unüberschaubare Zugeständnisse macht,
  - Meinungsverschiedenheiten oder Unsicherheit bei den Betriebsratsmitgliedern spürbar werden,
  - bis zur Minimal-Forderung ohne Ergebnis zurückgewichen werden musste.
- Alle Ergebnisse mit allen Einzelheiten schriftlich festhalten! Für alle Zusagen und Vereinbarungen konkrete Termine festlegen! Termin für weitere Verhandlungen vereinbaren!

Positivbeispiel: Der Betriebsrat verhandelt

Es ist kurz nach 9.00 Uhr. Die Tür des Konferenzzimmers wird energisch aufgestoßen. Mit kurzen schnellen Schritten betritt Hans Kermel, Junior-Chef der Kermel GmbH, den Raum. Die sieben Mitglieder des Betriebsrats, die seit einigen Minuten hier warten, stehen als lockere Gruppe in einer Ecke zusammen und unterhalten sich. Der junge Kermel tritt an die Gruppe heran und begrüßt jeden mit Handschlag. Der Personalleiter, der nach dem Junior den Raum betreten hat, hält sich im

Hintergrund und murmelt so etwas wie: »Tag zusammen – haben uns heute ja schon gesehen ...«

Bevor Hans Kermel seine Begrüßungstour ganz beendet hat, geht der Betriebsratsvorsitzende, Hans-Werner Kuhlbusch, zu seinem Platz in der Mitte der einen Längsseite des rechteckigen Konferenztisches und sagt dabei in das Stimmengewirr hinein: »Ich denke, wir fangen gleich an. Sonst kommen wir nachher mit der Zeit zu kurz.« Kermel lacht jovial – ganz so väterlich wie beim alten Kermel will das aber noch nicht klingen. »Na – Sie sind ja heute bei den ganz Eifrigen, Herr Kuhlbusch. Aber ja, nehmen wir Platz.« Die Betriebsratsmitglieder setzen sich links und rechts vom Vorsitzenden auf die linke Seite, Kermel und der Personalleiter nehmen gegenüber Platz. Stühle rücken. Papierrascheln. Hans Kermel hat seine Unterlagen ausgebreitet, schaut hoch: »Meine Herren! Oh – Verzeihung, Frau Stamm, ich habe Sie natürlich nicht übersehen! Bei diesem Wetter ...« Blick aus dem Fenster »... ist man für jeden Lichtblick dankbar ...« Blick in die Runde, keine nennenswerte Resonanz. »Tja, Frau Stamm, meine Herren! Es ist noch früh am Tag, kommen wir doch gleich zur Sache – ›in medias res‹ sage ich immer. Wir haben Ihnen bereits schriftlich mitgeteilt, dass wir vorhaben, unsere IT in Richtung auf ein Produktions-Planungs- und -Steuerungs-System weiter zu entwickeln. PPS also – das bedeutet vor allem, dass an praktisch jedem Arbeitsplatz der Zugriff auf die dort wesentlichen Informationen sichergestellt ist ...«

»Ja, das liegt uns vor!« Hans-Werner Kuhlbusch hat auf die erste Atempause gewartet und hat sich dann so geschickt reingemogelt, dass man noch nicht einmal sagen könnte, er habe den Chef unterbrochen. »Für uns stellen sich gleich mehrere Probleme. Zunächst werden wir über die von Ihnen so genannte ›probeweise System-Installation‹ sprechen müssen. Eine Investition dieser Größenordnung würden Sie wohl kaum vornehmen, wenn Sie sich nicht ganz sicher sind, dass es dabei auch bleiben wird. Trotzdem sehen wir durchaus Chancen der Systemgestaltung gerade in der Erprobungsphase. Zum Zweiten müssen wir uns mit der Wirtschaftlichkeitsberechnung beschäftigen, die klar ausweist, dass mittelfristig einiges an Personaleinsparungen auf uns zukommen wird – das muss selbstverständlich geregelt sein, ehe das System installiert werden kann.«

»Herr Kuhlbusch!« Hans Kermel geht dazwischen. »Da irren Sie aber ...«

»Ich wollte das nur ganz kurz noch zu Ende bringen«, fährt Hans-Werner Kuhlbusch fort, »ein dritter wichtiger Punkt ist dann die Leistungs- und Verhaltenskontrolle oder die Möglichkeit einer verstärkten

Leistungs- und Verhaltenskontrolle, um genau zu sein. Hier möchten wir die Gelegenheit eines Neuanfangs in der IT nutzen, um gemeinsam mit Ihnen Richtlinien zum Umgang mit personenbezogenen Daten zu vereinbaren, die dann für alle unsere auch künftigen Systeme eine Grundlage bilden würden. Unsere Vorstellung ist, dazu eine Rahmen-Betriebsvereinbarung abzuschließen, die dann ergänzt werden kann durch knappe Detail-Regelungen zu den einzelnen Systemen, wie beispielsweise zur Produktionsdatenerfassung.«

»Herr Kuhlbusch!« Jetzt nutzt Hans Kermel die Gelegenheit, das Wort zu ergreifen. »Ich bin sicher, wir werden im Verlauf unseres Gespräches, wenn wir uns in die Details der von uns geplanten Maßnahme vertiefen, noch feststellen, dass Sie hier einiges noch nicht ganz richtig sehen. Sie unterstellen uns da ... Aber dazu vielleicht später noch mehr. Sie müssen als Betriebsrat doch bitte auch den Hintergrund unserer Planungen richtig einschätzen können und diesen mit einbeziehen. Ich erinnere Sie da an unser Vier-Augen-Gespräch vor einiger Zeit. Da hatten wir doch gemeinsam festgestellt, dass der Druck auf Unternehmen unserer Größenordnung immer stärker wird ..., allgemeine wirtschaftliche Lage ..., steuerliche Belastung ..., steigende Kosten ..., Rohstoffpreise ..., Abhängigkeit von Supermarkt-Ketten und anderen Großabnehmern ..., wir alle wissen doch ..., Zeichen der Zeit ..., all das macht doch den Einsatz neuer Technologien notwendig. Wir müssen ja schließlich am Markt mithalten können.«

Hans-Werner Kuhlbusch hat, wie die anderen auch, aufmerksam zugehört. Notizen hat er sich allerdings nach den ersten Sätzen nicht mehr gemacht – die ›Platte‹ kennt er schon. »Herr Kermel. Ich schlage mal vor, dass wir uns zuerst mit der Frage des Probebetriebs beschäftigen. Wir stehen dem, wie schon gesagt, nicht unbedingt ablehnend gegenüber, könnten aber nur dann zustimmen, wenn es uns hier gelingt, uns auf einige grundsätzliche Regelungen zu verständigen. Manfred, du wolltest etwas sagen?«

Manfred Müller muss einmal kurz schlucken, ehe er losredet – es ist schließlich das erste Mal, dass er in einer Verhandlung überhaupt den Mund aufmacht. »Ja, Herr Kermel – wir glauben nämlich, dass es Ihnen vor allem darum geht, mit dem Probebetrieb einen Fuß in die Tür zu bekommen. Denn wenn das System erst angeschafft, eingerichtet und installiert ist, wird es natürlich auch bleiben. Das heißt, dass wir einer ... äh ...«, Manfred Müller fällt der richtige Fachausdruck nicht gleich ein, » ... einer Implementation nur zustimmen können, wenn wir eine entsprechende Rahmenvereinbarung abgeschlossen haben.«

»Herr Kuhlbusch!« Hans Kermel hat sich nach vorne gebeugt, die Stirn gerunzelt.

»Entschuldigen Sie, Herr Kermel, aber ich fürchte, das wird jetzt etwas durcheinander gehen. Jetzt hatte sich erst der Herr Schultz gemeldet und danach schreib' ich dann Sie auf.« Hans-Werner Kuhlbusch streicht den Namen von Manfred Müller aus und schreibt den Namen von Kermel auf seine Rednerliste. »Karl, du bist dran.«

»Ja – ich wollte das noch mal ergänzen, was der Kollege Müller gesagt hat. Aus unserer Sicht birgt der von Ihnen vorgeschlagene Probebetrieb durchaus Chancen. Es wird uns ja kaum möglich sein, schon vor der Inbetriebnahme des neuen Systems alle möglicherweise in der Praxis auftauchenden Probleme zu klären und zu regeln. Wenn wir uns also zunächst nur auf einige Grundsätze einigen würden, dann könnten wir die Detail-Regelungen verschieben, bis der Probebetrieb die entsprechenden Erfahrungen gebracht hat.«

Kuhlbusch: »Herr Kermel – bitte.«

»Herr Kuhlbusch, Sie wissen doch aus unseren vergangenen Gesprächen, dass Sie mit mir immer vernünftig reden können. Und ich bin auch heute sicher, dass wir zu einer einvernehmlichen Lösung kommen werden. Dazu gehört aber auch, dass wir einander genau zuhören. Sehen Sie, wir haben doch den – in der Tat nicht billigen und auch nicht risikolosen – Probebetrieb deshalb ins Auge gefasst, weil wir unter anderem herausfinden wollen, welche Einsatzgebiete bezogen auf unsere betrieblichen Abläufe sinnvoll wären. Davon wird es abhängen, welche Software-Module wir dann auf Dauer bei uns einsetzen werden und auf welche wir verzichten können. Und da wäre es doch ganz unsinnig, vorher Regelungen auszuarbeiten für Systemleistungen, die im produktiven Betrieb dann vielleicht gar nicht zum Einsatz kommen werden. Nein, wir sollten zunächst ganz unbelastet und unvoreingenommen das System testen, danach sind wir dann alle zusammen schlauer und können sehr viel besser darüber reden, was nun einer Regelung bedarf und wie diese aussehen muss.«

Hans Kermel bemüht sich in seinen weiteren Ausführungen die Befürchtungen und Vermutungen der Betriebsratsmitglieder zu zerstreuen. Danach kontert Ingrid Stamm und auch die anderen bringen ihre Argumente in der abgesprochenen Form und Reihenfolge vor. Hans Kermel bleibt aber dabei, dass eine Betriebsvereinbarung erst nach Abschluss des »Probebetriebs« verhandelt werden könne. Nach einer Weile beschließt Hans-Werner Kuhlbusch, einen Schritt zurückzugehen: »Herr Kermel, wie auch immer wir die Sache drehen und wenden. Tatsache ist doch, dass wir noch viel zu wenig über das geplante PPS wissen. Die Unterlagen, die Sie uns gegeben haben, reichen einfach nicht aus, um beurteilen zu können, was mit einem solchen System konkret alles möglich ist ...«

»Da haben Sie sicher recht!« Hans Kermel nickt nachdenklich. »Ich möchte Ihnen deshalb einen Vorschlag machen. Sie und ich, wir fahren in den nächsten Tagen einmal zu dem Implementationsberater, wo wir uns dann ein installiertes System einmal in Funktion anschauen können. Dann können wir das alle zusammen sicherlich schon wesentlich besser beurteilen.«

»Das ist eine Möglichkeit«, stimmt der Betriebsratsvorsitzende zu, »ich möchte aber gerne Karl Schultz und Ingrid Stamm dabei haben, wenn Sie einverstanden sind.«

»Warum nicht.« Kermel stimmt zu, wenn auch etwas zögernd.

»Gut – dann halten wir das fest. Wann? Übermorgen? Gut. Ingrid – du wolltest dazu ...«

»Ja.« Ingrid Stamm ist sich im Augenblick nicht ganz sicher, ob sie mit dem, was sie sagen will, jetzt richtig liegt. Aber versuchen will sie es. »Das hätten Sie allerdings schon sehr viel früher machen sollen, Herr Kermel. Wir wollten das ja eigentlich jetzt nicht groß aufziehen, aber so viel steht doch fest: Sie haben uns in dieser Angelegenheit mal wieder viel zu spät informiert. Und das nicht zum ersten Mal. Ich darf Sie doch darauf hin-weisen, dass der Betriebsrat auch Informationsrechte hat. Was heißt, dass Sie uns im Anfangsstadium Ihrer Planung zu informieren haben. Ihre Planung ist aber – das merken wir doch jetzt – fast abgeschlossen. Und das wollt ich doch mal loswerden, dass das so nicht weitergehen kann.«

»Herr Kuhlbusch!« Kermel atmet schwer. »Das finde ich nun wirklich nicht fair. Ich habe mich immer bemüht, Sie so frühzeitig wie möglich ..., also, da muss ich mir das doch nicht sagen lassen, dass ich ..., Frau Stamm unterstellt mir ja fast Bösartigkeit ..., dass ich nicht so rechtzeitig, wie es mir eben möglich ist, informiere. Sehen Sie, es ist doch nun einmal so ..., unternehmerische Verantwortung ..., Sorge um die Arbeitsplätze ..., Anschluss nicht verlieren ..., Zwang zur schnellen Entscheidung ..., persönliche Belastung ..., immer gesprächsbereit ..., bei der Sache bleiben.«

»Das gehört schon zur Sache.« Hans-Werner Kuhlbusch greift schnell ein. »Wir wollen das jetzt nicht dramatisieren, aber so viel ist doch klar: Wir müssen diese Sache sehr sorgfältig prüfen, ehe wir uns entscheiden können. Sie haben lange Zeit gehabt, bevor Sie sich entschieden haben. Jetzt brauchen wir die auch. Und dann will ich das, was die Kollegin Stamm gesagt hat, noch unterstreichen: Wir verlangen für die Zukunft, dass wir frühzeitiger eingeschaltet werden!«

»Herr Kuhlbusch, das ist doch immer mein Bemühen gewesen. Aber jetzt zu der anderen Sache. Sie werden doch nicht den Zeitplan durcheinander bringen wollen. Da gibt's Termine, auf die hab' ich gar keinen Einfluss. Wir haben ja auch noch viel Zeit. Sechs Wochen mindestens. Aber dann muss das über die Bühne gegangen sein.«

Karl Schultz hat sich gemeldet. »Also, Herr Kermel. So geht das beim besten Willen nicht. Sie haben sich wochenlang, ja, monatelang mit dieser Sache beschäftigt und wir sollen am liebsten heute noch entscheiden. Nein. Wir müssen uns das System anschauen – in Funktion. Wir wollen mit Kollegen sprechen, die schon Erfahrungen damit haben. Das müssen wir auswerten. Dann müssen wir uns zusammen mit unserer Gewerkschaft überlegen, was in eine Rahmenvereinbarung rein muss. Die müssen wir verhandeln und abschließen. Und bis wir diese Einigung schriftlich haben, darf noch nichts passieren. Keine Verträge, keine Implementa-Dingsbums – nix!«

»Herr Schultz! Ja, wer bin ich denn?« Kermel ist sauer, richtig sauer, nicht gespielt. »Darf ich vielleicht in meinem Betrieb keine Entscheidung mehr fällen? Ich bin ja immer bereit, mit Ihnen zu reden. Ich bin Ihnen auch entgegengekommen. Aber ..., Herr Kuhlbusch, ich bitte Sie ..., so doch nicht! Nicht mit mir! Dann muss das zwischen uns eben in Zukunft ganz anders laufen!«

»Herr Kermel!« Hans-Werner Kuhlbusch bleibt betont ruhig. »Verstehen Sie uns doch richtig, wir wollen doch keinen Streit mit Ihnen. Aber wir wollen, dass diese Entscheidungen von Ihnen und uns gemeinsam getragen werden können. Und dazu brauchen wir Zeit. Wie sollen wir sonst vor die nächste Betriebsversammlung treten?«

»In zwei Wochen ist es so weit.« Franz Grimmel hakt ohne Wortmeldung nach. »Und wenn wir dann vor die Betriebsversammlung gehen müssen und müssen sagen, Herr Kermel hat den Betriebsrat ...«

Ein Positiv-Beispiel?

Der Betriebsrat bei Kermel hat bestimmt einiges gelernt. Und das hat man hoffentlich auch gemerkt. Natürlich – perfekt ist das nicht gelaufen, das kann auch niemand ernsthaft erwarten. Schon gar nicht in der Praxis. Irgendetwas wird immer schief gehen oder nicht genau so ablaufen, wie man es sich gedacht hat.

Es wäre interessant, wenn man jetzt diese Verhandlung noch einmal durchgeht und sie mit der Verhandlung vergleicht, die ab Seite 74 beschrieben wurde. Dabei kann man dann auch überlegen, was nun wirklich besser gelaufen ist und wo es noch »Macken« gegeben hat ...

Teil 4
Reden halten – selbstbewusst und überzeugend

Miteinander zu sprechen – sei es bei Gesprächen am Arbeitsplatz, bei Diskussionen im Gremium oder bei Verhandlungen mit dem Arbeitgeber –, das ist die eine Sache. Vor einem **Publikum** – und sei dies auch noch so klein und wohlgesonnen – **zu reden**, ist eine ganz andere. Und fast jeder wird so etwas auch kennen:

Man ist zusammen mit einigen anderen Leuten zu einer Geburtstagsfeier eingeladen – vielleicht bei einem Arbeitskollegen. Nun ja, und irgendjemand soll dann irgendwann ein paar »passende Worte« sagen. Und natürlich: Als Betriebsratsmitglied wird man mit diesem ehrenvollen Auftrag bedacht. Das Fest läuft sehr nett, alles ganz locker. Gesprächsstoff gibt es reichlich. Die Runde unterhält sich lebhaft – man selber natürlich auch.

Plötzlich wird man angestoßen, schaut sich um – ziemlich alle scheinen da zu sein. Es ist also soweit, dass man aufstehen muss, um seine »Rede« zu halten. Bis hierher war es ganz »easy« – aber jetzt? Man steht auf, alle schauen einen an. Langsam kehrt Ruhe ein. Man hat den Auftrag, etwas zu sagen, man hat einen »Auftritt«.

Anders ausgedrückt: Man ist von einer Gesprächs- in eine Redesituation geraten. Eben war man noch mitten in einer zwanglosen Unterhaltung, jetzt muss man »offiziell« etwas sagen. Und obwohl sich äußerlich nichts an der Situation verändert hat, ist die persönliche Befindlichkeit doch eine ganz andere geworden. In dem Augenblick, in dem man aufsteht, sich aus der Gruppe heraushebt, alle Aufmerksamkeit auf sich zieht, sind sie plötzlich da: Hemmungen!

Vielleicht muss man, ehe man zu reden beginnt, nur einmal kräftig schlucken oder das eine Bein beginnt unkontrolliert zu zittern. Man bekommt feuchte Hände oder einen roten Kopf (zumindest fühlt es sich so an). In der Magengegend ballt sich spürbar etwas zusammen und drückt. Der Körper signalisiert also in der einen oder anderen Form, beim einen mehr, bei der anderen weniger: Sie ist da – die Redeangst!

Die Sache mit den Redehemmungen

Und da steht man nun: Der einleitende Satz, den man sich vor Beginn des Abends noch schnell überlegt hatte und der so besonders gelungen und witzig gewesen wäre, ist wie weggeblasen. Man hat große Schwierigkeiten, sich auch nur das Wichtigste von dem, was man sich zurechtgelegt hatte, wieder ins Gedächtnis zurückzurufen. Immer wieder muss man Pausen machen, die einem unerträglich lang vorkommen. Man verhaspelt sich, bekommt seine Sätze nicht zu Ende – rettet sich letztlich nur gerade eben so über die Runden. Und wenn es ganz schlimm kommt, verliert man den Faden endgültig und muss sich mit hochrotem Kopf wieder hinsetzen.

Genau in dem Augenblick aber, in dem man sich wieder hingesetzt hat, fällt einem auf wundersame Weise all das wieder ein, was man gerade eben eigentlich hatte sagen wollen ...

Natürlich ist die Heftigkeit, mit der sich solche Redehemmungen bemerkbar machen, von Mensch zu Mensch sehr unterschiedlich. Aber selbst Rede-Profis kennen sie noch, die Redehemmungen, die bei ihnen zumindest als eine Art Lampenfieber vor einer Rede auftreten.

Redehemmungen dürfen dabei nicht mit »Maulfaulheit« verwechselt werden. Auch wer sonst – in den gewohnten »Gesprächssituationen« – redet wie ein Wasserfall, kann bei einem Redeauftritt plötzlich sprachlos werden oder nur noch unzusammenhängendes Zeug plappern. Und um falschen Hoffnungen gleich hier vorzubeugen:

> **Los wird man Redehemmungen nie ganz! Und das ist auch gut so!**

Ob es gefällt oder nicht: Die Nervosität vor einer Rede, den leichten Druck im Magen, das Kribbeln behält man auch nach jahrelanger Übung noch – zum Glück. Denn genau das bewahrt einen davor, in eine (gerade für Betriebsratsmitglieder fatale) allzu glatte, kalte Routine zu verfallen, die die Zuhörenden nicht mehr ernst genug nimmt. Redehemmungen sind also nicht unbedingt etwas Schlechtes – man muss nur lernen, sie zu beherrschen.

Und das ist nicht einmal so schwierig. Jeder (wirklich jeder!) kann lernen, sich so auf eine Rede vorzubereiten, dass deren Aufbau klar und verständlich ist. Bekannte und typische Fehlerquellen lassen sich durch sorgfältige Vorbereitung vermeiden. Und auch freies, lockeres Formulieren sowie selbstsicher erscheinendes Auftreten lassen sich üben.

> **Die Redehemmungen komplett zu »besiegen« wird nicht gelingen!**
> **Trotz Redehemmungen verständlich, frei und damit auch wirkungsvoll**
> **zu reden, ist ein erreichbares Ziel!**

Allerdings muss man etwas dafür tun – zum Beispiel die Übungen in den folgenden Kapiteln sorgfältig (und möglichst wiederholt!) praktizieren. Und man sollte keinesfalls auf die Ratschläge derjenigen hören, die einem einreden wollen, dass es immer noch die beste Methode sei, einfach »ins kalte Wasser zu springen«.

Zugegeben: So ganz falsch ist das nicht. Es **kann** funktionieren – und oft sogar recht gut. Aber es erinnert eben doch fatal an die Methode, Kindern das Schwimmen dadurch beizubringen, dass man sie einfach mal ins Schwimmbecken schubst – vielleicht funktionierts ja.

Beim Reden allerdings funktioniert es meist nicht: Unzählige Menschen kommen immer wieder aus Sitzungen, Versammlungen oder irgendwelchen anderen Veranstaltungen heraus, hätten dort gerne etwas gesagt, haben dann aber doch nicht den Mut gehabt oder haben einfach nicht den richtigen »Dreh« gefunden. Hinterher hat man sich dann damit beruhigt, dass es »gar nicht so wichtig« war, und dass die anderen das sowieso viel besser gekonnt haben.

Oder schlimmer: Man hat's probiert, ist stecken geblieben, hat sich verhaspelt, ist vielleicht sogar ausgelacht worden . . . Und das war's dann erst einmal. Eine hoffnungsvolle Rednerkarriere hat ihr frühzeitiges Ende gefunden!

Schade, denn immerhin hängt nicht viel weniger als die Lebendigkeit einer Demokratie davon ab, dass sich möglichst viele Menschen bei möglichst vielen Gelegenheiten zu Wort melden. Das müssen auch durchaus nicht immer lange Referate oder »große« Reden sein – nein, es sind die vielen kurzen Redebeiträge der ganz »normalen« Menschen, die das Salz in der Suppe der Demokratie ausmachen:

- Man ist neu in einen Betriebsrat gewählt worden und will nun das erste Mal in die Diskussion eingreifen.
- Man ist der Einladung einer Bürgerinitiative gefolgt, sitzt mit vielen fremden Leuten zusammen und hat da so eine Idee.
- Man meint, dass in der Schule eines seiner Kinder etwas schief läuft, hat sich geärgert und morgen ist Elternversammlung.

Alltägliche Situationen, gar nicht so schlimm eigentlich. Und trotzdem sitzen wir da und überlegen, ob wir uns nun einmischen sollen oder nicht. Der rechte Arm zuckt, wir sitzen ganz vorne auf der Stuhlkante, auf dem Sprung sozusagen. Aber dann redet schon jemand anderer, außerdem gibt es noch zwei weitere Wortmeldungen . . . Ach, dann lassen wir es doch lieber bleiben.

Von allein geht es also nicht immer, es braucht einen kleinen Schubs, einige ganz konkrete Hilfestellungen und möglichst auch die Sicherheit, sich zumindest nicht zu blamieren. Und die Arbeit mit diesem Leitfaden soll genau das bringen – nicht mehr und nicht weniger: Sie soll Mut machen, sich einzumischen und dann etwas zu sagen, wenn etwas zu sagen ist. Es müssen und sollen ja nicht immer nur dieselben das »große Wort« führen.

Eine »Gebrauchsanleitung«

Es ist wahr: Reden kann man nur durch Reden lernen! Reden lernt man weder durch Zuhören, noch dadurch, dass man irgendein Buch über Redetechnik einfach nur liest!

Deshalb wird in den nächsten Kapiteln auch eine ganze Kette von Übungen angeboten. Diese Übungen lassen sich entweder allein oder in einer kleinen Gruppe abhalten. Besser ist es natürlich, wenn es gelingt, Menschen zu finden, mit denen man zusammen trainieren kann. Dann kann man sich gegenseitig helfen und kontrollieren, und man hat sogar ein »Publikum« – wenn auch kleines. Deshalb sollte man auf jeden Fall einen ernsthaften Versuch machen, so eine kleine Trainingsgruppe zusammenzubekommen.

Ganz sicher gibt es im eigenen Betriebsrat oder auch in irgendeiner Aktionsgruppe oder im Bekanntenkreis einige Menschen, die ähnliche Probleme haben, wie man selbst und die genau wie man selbst gerne daran arbeiten würden, mit ihren Redehemmungen besser fertig zu werden! Es muss nur jemand kommen und die Initiative ergreifen!

Gelingt dies und arbeitet man dann zu zweit oder in einer kleinen Gruppe an diesen Übungen, dann sollte es für diese gemeinsame Arbeit möglichst feste Zeiten geben. Etwa alle zwei Wochen, mindestens aber einmal im Monat sollte man einen Abend oder einen Nachmittag dafür vereinbaren.

Aber auch wer allein arbeiten will oder muss, sollte nicht etwa alle Übungen in einem Rutsch durchziehen – das bringt nicht viel. Auch in diesem Fall sollte man sich feste Termine setzen und zwar in etwa den gleichen Zeitabständen, wie sie auch für die Arbeit in der Gruppe vorgeschlagen wurden. Der Grund: Es ist nicht nur gut, das jeweils Gelernte und Geübte ein wenig »sacken« zu lassen, bis man dann weiter macht, man sollte auch zwischen den einzelnen Übungsabschnitten nach Gelegenheiten suchen können, das eine oder andere bereits einmal in die Praxis umzusetzen.

> **Zu jedem dieser Termine sollte ein Übungsabschnitt geschlossen durchgearbeitet werden! Die vorgegebene Reihenfolge der Übungen ist dabei in jedem Fall einzuhalten!**

> **Wichtig aber ist vor allem, dass man immer erst dann mit dem nächsten Übungsabschnitt beginnt, wenn man sich bei den vorangegangenen Übungen wirklich sicher fühlt!**

Selbstverständlich können und sollten die einzelnen Übungen einige Male wiederholt werden – jede Wiederholung bringt ein Stück Routine und damit zusätzliche Sicherheit. Außerdem:

> **Während man mit diesem Leitfaden arbeitet (und später ebenfalls) sollte man jede Chance nutzen, sich »richtige« Reden anzuhören und anzugucken – im Fernsehen, auf Versammlungen, überall!**

Und wenn man mit einem durch eigene Übungen geschärften Blick darauf achtet, was auch (angebliche) »Rede-Profis« alles falsch oder schlecht machen – es gibt nichts Besseres fürs Selbstbewusstsein!

Das Wichtigste aber ist und bleibt natürlich das Selber-Üben. Und – wie gesagt – wenn es eine Chance gibt, das gerade Trainierte schon einmal in der Praxis auszuprobieren, so sollte diese auch ergriffen werden! Mehr noch: Man sollte nach solchen Chancen suchen, gleich ob es sich um die nächste Betriebsratssitzung oder einen Elternabend handelt. Grundsatz dabei sollte sein:

> **Bei den ersten Praxiseinsätzen bescheiden anfangen! Nicht mehr machen wollen, als das, was man in den Übungssituationen bereits sicher beherrscht!**

Wahrscheinlich wird es beim ersten Lesen einer Übungsanleitung häufiger einmal vorkommen, dass man sich sagt: »Na, das ist doch klar, was das soll – die Übung kann ich mir aber wirklich schenken!« Das jedoch wäre ein großer Irrtum. Man beherrscht eine Übung nicht dann, wenn man verstanden hat, was mit ihr gemeint ist und was daraus gelernt werden kann, sondern erst dann, wenn man diese Übung selber ein oder mehrere Male durchgeführt hat. Reden ist nun mal in erster Linie eine Sache des Trainings!

Die Sache mit der blendenden Rhetorik

Ein oft gehörter Stoßseufzer: Ja, das müsste ich können! Rhetorik! Blendend formulierte Reden, wirkungsvoll vorgetragen, absolut überzeugend! Reden, sozusagen mit eingebauter Erfolgsgarantie – das wär's.

Rhetorik, Reden können – das wünschen sich viele, so als handele es sich dabei um eine Art Waffe. Eine Waffe, die dort wirken soll, wo Argumente allein nicht durchschlagen, oder wo man weiß, dass die eigenen Ansichten von den Zuhörenden eigentlich nicht geteilt werden, man sie aber doch unbedingt auf seine Seite bringen will. Die **Form** also, die Art und Weise, wie Argumente vorgebracht werden, soll den »Sieg« dort herbeiführen, wo er (scheinbar) durch das, **was** ich zu sagen habe, allein nicht erreicht werden kann.

Der Wunsch, eine solche Wunderwaffe zur Verfügung zu haben, ist verständlich. Da sind zum Beispiel die Leute, zu denen man gerade redet. Die wollen oft einfach nicht begreifen, dass selbstverständlich die Auffassung des Redenden die »allein richtige« ist und dass seine (und nur seine) Ideen ihre volle Unterstützung verdienen. Und wenn »die« das einfach nicht kapieren wollen, na ja, dann hilft wohl nur der Griff in die rhetorische Trickkiste. Dazu ein Beispiel:

Ein Betriebsrat hat mit der Geschäftsleitung über eine geplante Rationalisierungsmaßnahme verhandelt. Nach fünf Verhandlungsterminen steht das Ergebnis fest. Die Durchführung der Maßnahme wird einiges an Arbeitszeit einsparen. Diese Einsparung wird aber nicht – wie ursprünglich geplant – durch Entlassungen, sondern durch einen drastischen Abbau von Überstunden realisiert. Und als nun der Betriebsratsvorsitzende mit diesem Ergebnis (nicht ohne Stolz) vor die Belegschaft tritt, erlebt er die Überraschung seines Lebens. Anerkennung? Zustimmung? Keine Spur. Im Gegenteil. Jedenfalls von denen, die nicht in der Gefahr waren, entlassen zu werden, hagelt es harsche Kritik.

Da müsste es durch »gute Rhetorik« doch möglich sein, die Leute trotzdem auf die eigene Seite zu ziehen. Schließlich hat der Betriebsrat doch wohl wirklich Recht in dieser Frage und die anderen sind es, die falsch liegen. Die sehen nur den persönlichen Nutzen der Überstunden, nicht aber die Situation derjenigen, die ihren Arbeitsplatz verlieren sollten ... Ein zweites Beispiel:

Ein Betriebsrat hat eine Betriebsvereinbarung über das neue Produktions-Planungs- und Steuerungs-System abgeschlossen. Die Vereinbarung ist auch nicht einmal schlecht geworden. Zumindest ist es gelungen, die Menge der erfassten Leistungsdaten klar zu begrenzen, ebenso auch die statistischen Auswertungen, die daraus abgeleitet werden sollen. Eine Leistungs- und Verhaltenskontrolle Einzelner ist – vor allem durch Zusammenfassung und Anonymisierung der Daten – weitgehend ausgeschlossen.

Aber wie man es auch dreht und wendet, das neue System nützt doch ausschließlich dem Arbeitgeber – von den verbliebenen Risiken mal ganz zu schweigen. Bedenkt man nun noch, wie dringend die Unternehmensleitung dieses System haben wollte, dann hätte der Betriebsrat doch noch mehr herausholen können – zumindest irgendeine Art von Gegenleistung. Das stößt nun auf Kritik, und der Betriebsrat, der den Fehler nicht zugeben will, muss jetzt »seine« Betriebsvereinbarung verteidigen.

Und wenn die Argumente fehlen, um die Kritik schnell und wirksam abzuwehren und zu entkräften, wie schön – und wie einfach – wäre es, wenn ein bisschen Rhetorik die fehlenden Argumente ersetzen und damit allerhand Ärger ersparen könnte. Aber wie sind nun die beiden Beispiele zu bewerten?

Wären rhetorische Tricks oder Künste in dem einen Fall das Mittel zum guten Zweck, also zulässig? Und wären sie im anderen Fall ein Instrument der Manipulation, also abzulehnen?

Nein. In beiden Fällen würde es im Grunde um dasselbe gehen: Mitdenken, Nachdenken soll vermieden oder verhindert werden! Man will nicht überzeugen, dazu bräuchte man nämlich Argumente, man will **überreden**. Man will Zustimmung erreichen, wo man sie sonst vielleicht nicht oder nicht so leicht bekäme. Und wenn das mithilfe einer »rhetorischen Trickkiste« wirklich ginge, wenn das klappen könnte, ja, dann wäre das wohl tatsächlich eine »blendende« Rhetorik: Sie würde nicht Augen öffnen, sie würde die Menschen blind machen! Und **das** wollen, das sollen wir nicht!

Aber kein Grund für Enttäuschung – im wirklichen Leben funktioniert das mit dieser Art von Rhetorik ohnehin nicht so, wie manche sich das vorstellen (und wie es sich in so manchem Rhetorikbuch liest). Vielleicht kann man Kritik, unter Umständen sogar berechtigte Kritik durch rhetorisches Niederwalzen, durch das erbarmungslose »Totquatschen« anderer Meinungen vielleicht unterdrücken. Aber es wird doch weiter schwelen und schon sehr bald an anderer Stelle wieder zum Ausbruch kommen. Alles, was man auf diese Weise erreichen könnte, wäre vielleicht ein Umlenken offener Unzufriedenheit in unterschwelliges, heimliches Meckern.

So gesehen ist aber offene, nicht unterdrückte, nicht abgelenkte Kritik sogar die in jedem Fall bessere Lösung. Sie ermöglicht zum einen die offene Auseinandersetzung, zum anderen die Möglichkeit, Einfluss auf sie zu nehmen, was bei unterdrückter Kritik nicht der Fall ist.

Aber, zugegeben, das ist natürlich nur die eine Seite. Viel häufiger verhält es sich umgekehrt. Täglich machen zum Beispiel Betriebsratsmitglieder die Erfahrung, dass Unternehmensleitungen ihre Beredsamkeit und ihre »Fachsprache« (mit Vorliebe englisch klingendes Management-Kauderwelsch) als »Waffe« einsetzen, um zu verschleiern, zu verwirren, um einzuschüchtern und auszutricksen. Da gegenhalten zu können, Gleiches mit Gleichem zu vergelten, ist da ein nur zu verständlicher Wunsch vieler Betriebsratsmitglieder.

Aber selbst auf diesem Gebiet erreicht man durch rhetorische Kunstgriffe kaum etwas. Sie wirken eben – wie auch bei Verhandlungstricks – nur, wenn man ein Gegenüber hat, das diese Tricks nicht kennt und sich deshalb unsicher machen lässt. Rednerische Kniffe machen kein Argument besser oder schlagkräftiger – und deshalb wirken sie auch nicht bei denen, die sie kennen und durchschauen (vielleicht weil sie sie auch selber benutzen).

Viel entscheidender ist in solchen Situationen deshalb, dass man erkennt, wenn ein **anderer** trickst, dass man sich sozusagen immun macht gegen Einschüchterungsversuche. Und man muss versuchen, durch klaren und sachlichen Aufbau der eigenen Argumente die Gegenseite dazu zu zwingen, ihrerseits auf rhetorisches Blendwerk zu verzichten. Das wäre dann wohl eher die gewünschte (und nötige) Waffengleichheit!

Und noch etwas muss an dieser Stelle deutlich hervorgehoben werden: Wenn die eigenen Informationen nicht genügen, wenn die eigene Machtposition zu schwach ist, dann nützt auch die beste Rhetorik nichts. Verhandlungstaktik und freie Rede sind nur ein Handwerkszeug – nicht mehr und nicht weniger.

In jedem Fall aber ist es nützlich, einige Methoden und Tricks zu kennen – aber nicht, um sie dann doch selber anzuwenden, sondern um sich davor schützen zu können.

Die zwingende Logik

Der Begriff selber sagt schon, worum es geht. Man hat einen logisch aufgebauten Gedankengang entwickelt und hofft nun darauf, dass diese Logik andere Menschen dazu »zwingt«, den eigenen Gedanken als den (einzig?) richtigen zu akzeptieren.

Nun ja, warum eigentlich nicht? Wenn's doch logisch ist, dann wäre das ja ein Zwang, der sich aus der Sache ergibt und der deshalb auch nur vernünftig sein kann. So ist das aber nicht. Schon die Gleichsetzung »logisch = wahr = vernünftig« ist falsch. Denn logisches Denken heißt genau genommen nichts anderes als »widerspruchsfrei« zu denken. Um logisch zu sein, genügt es also, wenn die einzelnen Bestandteile einer Argumentation »zusammenpassen«. An folgendem Beispiel soll erläutert werden, worum es geht:

Betriebsrat und Geschäftsleitung verhandeln miteinander über Kurzarbeit. Der Junior-Chef Hans Kermel versucht, dem Betriebsrat seinen Plan schmackhaft zu machen: »Sie alle kennen unsere wirtschaftliche Situation, meine Damen und Herren! Die Auftragseingänge im letzten halben Jahr sind erheblich zurückgegangen. Damit haben die Schwierigkeiten, mit denen wir bereits seit Langem zu kämpfen haben, weiter zugenommen. Das kann auch für unsere Personalpolitik nicht ohne Folgen bleiben. Sie als Betriebsrat haben – wie wir natürlich auch – sicher kein Interesse daran, dass wir dieses Problem durch Entlassungen lösen. Wir schlagen deshalb Kurzarbeit vor – zunächst für die kommenden vier Wochen.«

Gegen diese Argumentation lässt sich nicht allzu viel sagen, sie ist ohne Frage widerspruchsfrei, also logisch. Wenn wir uns anhören, was der Betriebsratsvorsitzende dagegen vorbringt, sieht die Sache allerdings schon etwas anders aus:

Hans-Werner Kuhlbusch: »Sie haben Recht, Herr Kermel, die Auftragseingänge sind weniger geworden. Aber das ist nicht eine Folge des allgemeinen wirtschaftlichen Rückgangs, sondern das sind saisonbedingte Schwankungen, wie wir sie jedes Jahr zu verzeichnen haben. Immer schon ist zu den Weihnachtsfeiertagen und zum Jahreswechsel der Auftragseingang etwa so stark geschrumpft wie jetzt auch. Das aber haben Sie bereits – selbstverständlich – in ihrer Gesamtkalkulation berücksichtigt. Die Alternative, Entlassungen oder Kurzarbeit, ist also falsch. In Wirklichkeit wollen Sie sich die – eigentlich bereits finanzierte – Schwankung noch einmal vom Staat bezahlen lassen. Und außerdem wollen Sie die Feiertage, die Sie – ohne dass gearbeitet wird, ja voll bezahlen müssten – durch Kurzarbeit auf Kosten der Arbeiter und Angestellten für sich billiger machen. Wenn wir jetzt kurzarbeiten, dann brauchen Sie während der Feiertage auch nur Lohnfortzahlung für die verkürzte Arbeitszeit zu zahlen. Deshalb verweigern wir unsere Zustimmung!«

So sieht das doch schon ganz anders aus. Betrachten wir jede der beiden Aussagen für sich, so sind **beide** Aussagen widerspruchsfrei, also logisch – **wahr** aber kann nur eine von beiden sein! Logik und Wahrheit sind also ganz und gar nicht dasselbe. Und das kann ausgenutzt werden:

- Erstens kann man einen Gedankengang durch einfaches Weglassen von Informationen (hier: die saisonbedingten Schwankungen des Auftragseingangs) in eine falsche Richtung laufen lassen und zu anderen (gewollt falschen?) Ergebnissen kommen.

- Zweitens kommt es immer auch auf den Hintergrund einer logischen Ge-
dankenkette an. Wunschvorstellungen und spezielle Interessen bestimmen
mit darüber, was uns logisch (oder auch wahr) erscheint.

Die Geschäftsleitung etwa bemüht sich, die Kosten für das Unternehmen so
gering wie möglich zu halten, die Konsequenz – Kurzarbeit – ist **für sie** deshalb
logisch und vernünftig. Der Betriebsrat jedoch hat ein Interesse daran, Nachteile für die Belegschaft abzuwenden. Für ihn ist es also viel vernünftiger und –
nach Hinzunahme einer weiteren Information – auch logisch, Kurzarbeit zu
verhindern.

Die Verschleierung der wahren Motive

Die »zwingende Logik« und der Versuch, andere zur eigenen Meinung zu
überreden, indem die eigentlichen Ziele verschleiert werden, gehen oft Hand
in Hand. Auch das zeigt das eben genutzte Beispiel:

Die Geschäftsführung hat ihr wahres Ziel (Kostendämpfung auf Kosten des
Arbeitsamts und der Arbeitnehmer) verschleiert, indem sie ein anderes Motiv
(Sorge um die Arbeitsplätze) vorschiebt. Bei diesem vorgeschobenen Ziel handelt es sich natürlich immer um eines, von dem man annimmt, dass die Zuhörenden es auch als eigenes Ziel übernehmen könnten.

Das Anknüpfen an Vorurteile

Wir alle reagieren auf Sachen oder Menschen, ohne dass wir immer und in
jedem Fall darüber nachdenken, warum wir ausgerechnet so und nicht anders
reagieren. Auch dazu ein Beispiel:

Jemand ist in einem größeren Unternehmen beschäftigt und hat dort mit
einigen Vorgesetzten ziemlich schlechte Erfahrungen gemacht. Bei jeder auch
nur kurzen Unterhaltung wird er sofort angemotzt und überhaupt ständig zur
Arbeit angetrieben. Klar, dass er nun jedes Gespräch abbricht, sobald irgendwo ein »weißer Kittel« auftaucht. Das wird er immer und grundsätzlich tun,
selbst wenn da jemand um die Ecke kommt, mit dem er noch nie etwas zu tun
hatte, von dem er also gar nicht wissen kann, ob der auch herummeckern wird
oder vielleicht nicht. Man reagiere so, weil man sich aufgrund seiner Erfahrungen mit **einigen** Vorgesetzten ein »vorläufiges Urteil« über **alle** Vorgesetzten gebildet hat.

Solche vorläufigen Urteile erleichtern das Leben enorm. Man weiß immer,
wie man zu reagieren hat – etwa um irgendwelchem Ärger aus dem Weg zu
gehen. Jeder Mensch hat sich für fast jede Situation im Leben solche vorläufigen Urteile entweder durch eigene Erfahrungen oder auch durch Hörensagen

(durch die Erfahrungen anderer also) zurechtgelegt. Und das ist nicht nur nützlich, das ist sogar lebensnotwendig:

Man braucht vorläufige Urteile, weil man ohne sie ständig über Menschen und Situationen, die einem begegnen, neu nachdenken und sich immer wieder von Neuem für ein der jeweiligen Situation angemessenes Verhalten entscheiden müsste.

So weit, so gut! Aber auch die Gefahr, die mit den vorläufigen Urteilen verbunden ist, ist vielleicht schon deutlich geworden. Vorläufige Urteile haben – wie gesagt – den Zweck, einen möglichst reibungslos durchs Leben zu bringen. Und das funktioniert natürlich dann besonders gut, wenn man sich immer auf der »sicheren Seite« hält. Kein Risiko eingehen, keine Experimente! Man reagiert möglichst immer genau so, wie die Umwelt es von einem erwartet, oder wie man glaubt, dass sie es erwartet.

Das ist allerdings nicht gerade günstig, wenn man sich – etwa als Betriebsratsmitglied – einmischen will, wenn man aktiv sein will, wenn man das Umfeld nicht einfach nur hinnehmen, sondern es gestalten und verbessern will. Man muss sich also die Fähigkeit erhalten, auch bekannte Situationen immer wieder kritisch zu betrachten und dabei vielleicht zu ganz neuen, ungewöhnlichen Wahrnehmungen zu kommen.

Und wenn **das** nicht mehr funktioniert, dann ist aus einem **vorläufigen Urteil** ein **Vorurteil** geworden. Das Besondere an so einem Vorurteil ist nämlich, dass es auch durch hieb- und stichfeste Argumente, ja sogar durch neue, andere Erfahrungen kaum noch zu verändern ist. »Argumentationsresistenz« nennen die Psychologen so etwas.

Und wenn man nun mit einer Rede an weit verbreitete Vorurteile anknüpft (gegenüber **der** Jugend, **den** Angestellten, **den** Türken, **den** Hartz-IV-Empfängern), dann ist einem die Zustimmung der Mehrheit oft oder sogar meistens sicher.

Allerdings hätte man damit auch so ziemlich das genaue Gegenteil von dem getan, was eine gute Rede ausmacht. Man hat **nicht** zum Denken angeregt (etwa zum Nachdenken über die Gründe, die zu einem Vorurteil geführt haben, und ob diese Gründe stichhaltig sind), sondern man knüpft dort an, wo man glaubt, Recht bekommen zu können, ohne von den Menschen anstrengendes Nachdenken zu verlangen, und ohne dass man vernünftige Begründungen liefern müsste.

Die schrecklichsten Beispiele dieser Art blindmachender Rhetorik finden wir in Reden aus der Nazizeit. In diesem und nur in diesem Sinne gab es in dieser Zeit auch »blendende« Rhetoriker!

Die »Objektivität«

Objektivität? Das ist es doch genau, was man von einer guten Rede erwartet? Oder? Nun, wie sieht es wirklich aus mit der Objektivität?

Eine Möglichkeit, in einer Rede objektiv zu erscheinen, wäre diese: Man untermauert seine Behauptungen durch Zahlen (wie in dem Beispiel mit der Kurzarbeit). Und natürlich wird man nicht so dumm sein, dabei falsche oder erfundene Zahlen zu verwenden. Nein, man sucht nur die Zahlen heraus, die die eigenen Absichten am besten unterstützen. Und man nutzt damit die (sehr wahrscheinlich vorhandene) Zahlengläubigkeit seines Publikums aus, um es auf die eigene Seite zu ziehen. In einer Rede ist das sogar besonders wirkungs- voll, weil die Zuhörenden gar keine Chance haben, solche Zahlen zu überprüfen – und ganz generell haben Zahlen immer so etwas Unanfechtbares.

Oder der Gipfel der Objektivität: Man stellt unterschiedliche, tatsächlich vorhandene oder denkbare Positionen zu einem Thema dar: Meinung A, Mei- nung B und Meinung C. Und dann lässt man seinem Publikum die Freiheit, sich für eine dieser Möglichkeiten zu entscheiden. Man bemüht sich also ganz ausdrücklich um Objektivität. Und (fast) niemand würde in einem solchen Fall wohl Voreingenommenheit oder gar Manipulation vermuten. Seine eigene Meinung hat man ja nicht einmal gesagt, also kann man sie wohl auch nie- mandem aufgezwungen haben. So jedenfalls erscheint es.

In Wirklichkeit aber hat man aus der Fülle der Informationen, die zu den unterschiedlichen Meinungen gehören, nur einige herausgesucht. Selbstver- ständlich hat man das getan, denn alle kann man im Verlauf einer Rede über- haupt nicht vorbringen.

Auswahl aber bedeutet immer auch Entscheidung, welche Information mehr und welche weniger wichtig ist. Diese Entscheidung aber trifft natürlich der Redner allein – und zwar, weil es anders auch gar nicht geht, aufgrund meiner ganz persönlichen Bewertung der Fakten. Alle Zuhörenden werden also die vorgetragenen Informationen durch die Brille des Redners sehen und sie wer- den (wenn sie seinen Gedanken folgen und selbst nicht über die notwendigen Informationen verfügen) wie selbstverständlich zu den gleichen Schlussfolge- rungen kommen, die auch der Redner gezogen hat. Obwohl man also die eigene Meinung gar nicht offen darlegt, ist sie doch in den Informationen enthalten, die man im Verlauf seiner Rede präsentiert.

Genauso beliebt wie die »objektive« Gegenüberstellung unterschiedlicher Meinungen ist es, Autoritäten zu zitieren: »Die Wissenschaft hat festge- stellt ...« oder »Wie schon die Nobelpreisträgerin Sowieso gesagt hat, ...«. Und das Publikum ist (vielleicht) tief beeindruckt. Kaum jemand wird es wa- gen, nachzufragen oder gar zu bezweifeln, was »die Wissenschaft« festgestellt hat.

Dabei vergisst man dann leicht, dass es »die Wissenschaft« gar nicht gibt. Es gibt nur Menschen, die eine Wissenschaft betreiben – und die fertigen ihre Arbeiten selbstverständlich (auch) aus einem bestimmten, persönlichen Blickwinkel an, sind also nicht wirklich objektiv, ganz zu schweigen davon, dass sie sich auch einmal irren können und das ja auch ständig tun.

Wissenschaftliche Aussagen sind also nicht schon deshalb etwas wert, weil sie durch Anwendung wissenschaftlicher Methoden erarbeitet worden sind. Um ihre Verwertbarkeit beurteilen zu können, müsste man zum Beispiel wissen, in welchem Zusammenhang sie stehen, was mit einer wissenschaftlichen Arbeit eigentlich gewollt wurde, wie die Ergebnisse zustande gekommen sind (und manchmal auch: wer das Ganze bezahlt hat).

Wie man es auch dreht und wendet: Im Grunde kann niemand wirklich objektiv sein. Immer sieht man die Welt gefiltert durch die Brille der eigenen Erfahrungen, Meinungen und Vorurteile. Man sollte also gar nicht erst so tun, als wäre man so besonders objektiv – stattdessen sagt man einfach nur ganz offen seine Meinung.

Reden mit Ziel und Zweck

Leider kann man sich auf vielen und vor allem politischen Veranstaltungen (und vielleicht sogar bei Betriebsratssitzungen und Betriebsversammlungen?) des Eindrucks nicht erwehren, dass etliche Leute dort nur reden, weil sie gerade nichts Besseres zu tun haben oder ihre Stimme so gerne hören (manche verstehen ja sogar genau das unter »Rhetorik«: viele Worte machen können, ohne etwas zu sagen).

Eigentlich aber sollte man doch wohl nur dann reden, wenn man auch wirklich etwas zu sagen hat:

- Man vertritt in einem bestimmten Punkt eine andere Meinung und will Widerspruch einlegen.
- Man hat eine Information, kennt einen konkreten Fall oder weiß sonst irgendetwas, das Klarheit in eine Diskussion bringen könnte.
- Man hat einen Vorschlag, wie ein anstehendes Problem vielleicht zu lösen ist.

Worum es also auch immer gehen mag: Wenn man sich zu Wort meldet, hat man ein konkretes Anliegen (oder sollte es zumindest haben). Und natürlich möchte man gerne erreichen, dass die Menschen, zu denen man sprechen will, dieses auch zur Kenntnis nehmen, weil es für sie wichtig sein könnte (denkt man das nicht, sollte man besser den Mund halten).

> **Jeder Redebeitrag zielt immer auf die Zuhörenden, er will bei ihnen etwas auslösen!**

Zum Beispiel dieses:

- Die Zuhörenden sollen eine Information oder einen Tatbestand zur Kenntnis nehmen und daraufhin – je nachdem – ihre Meinung ändern oder in ihrer Haltung bestärkt werden.
- Die Zuhörenden sollen eine alternative Meinung kennenlernen und diese, wenn sie überzeugt sind, als ihre eigene übernehmen.
- Die Zuhörenden sollen selber aktiv werden, sollen aus dem Gesagten praktische Konsequenzen ziehen (zum Beispiel einen Antrag unterstützen, eine Veranstaltung besuchen, eine vorgeschlagene Kandidatin wählen oder ihr persönliches Verhalten ändern).

> **Jeder Redebeitrag verfolgt ein genau festgelegtes Ziel! Er soll informieren, überzeugen oder bewegen!**

Um das zu erreichen, muss man natürlich wissen, was man will, und von wem man es will. Und genau damit soll sich jetzt eine erste Übung beschäftigen, mit der versucht werden soll, ein Gefühl dafür zu entwickeln, worauf es ankommt, wenn man Menschen zielgerichtet ansprechen will.

Übung 1

»Schreibe« und »Rede«

Ziel	Aus einem geschriebenen Text einen kurzen Redebeitrag ableiten, der die Zuhörenden zu der Erkenntnis bringt, dass sie selber etwas zur Lösung des beschriebenen Problems beitragen können und sollen. Dafür muss so klar und überzeugend wie möglich erklärt werden, warum das erwartet wird.
Material	Übungstexte unten
Ablauf	Durchlesen des ersten Übungstextes. Nachdenken, welches Ziel in dem Text (einem Zeitungsartikel) steckt. Daraus ableiten, was die Zuhörenden aufgrund des Redebeitrags tun sollen. Dieses Ziel des Redebeitrags so klar und praktisch wie möglich formulieren. Dabei überlegen und berücksichtigen, vor welchem Kreis das gesagt werden soll. Notizen machen. Die Argumente, die das Redeziel unterstützen, aus dem Text heraussuchen. Notizen machen.
Ablauf	Festlegen, in welcher Reihenfolge diese Argumente am besten vorgebracht werden und an welcher Stelle das Redeziel stehen soll. Den Redebeitrag in einigen Sätzen oder Stichworten aufschreiben. Die komplette Übung noch einmal mit dem zweiten Übungstext wiederholen.

Übungstext 1:

Damit es ganz einfach menschlicher zugeht!

Auch heute noch ergeben sich für Frauen Probleme, nur weil sie eben »weibliche« Arbeitnehmer sind. Frauen werden in der Arbeitswelt, aber auch in anderen gesellschaftlichen Bereichen, noch vielfach benachteiligt. Frau zu sein heißt, die Arbeiten mit den geringsten Einkommen machen zu dürfen, weniger Aufstiegschancen zu haben, als erste gefeuert und als letzte geheuert zu werden.

Aus dieser Situation lässt sich die Forderung ableiten, dass sehr viel mehr Frauen als bisher in gewerkschaftlichen Gremien und Betriebsräten mitarbeiten müssen!

Richtig ist sicherlich, dass dies am besten zusammen und in Solidarität mit den Männern erreicht werden könnte, aber gegen Benachteiligungen müssen sich zunächst die Betroffenen selbst wehren und das sind nun einmal die Frauen. Sie müssen ihr Anliegen – auch und vor allem gegenüber den Männern – sichtbar machen und sich dafür engagieren.

Übungstext 2:
Bürger wollen mehr Bahn!
Unter dem Aspekt Umweltverträglichkeit und Verkehrssicherheit rangiert die Bahn bei den Bundesbürgern ganz vorn. Fast jeder zweite Bundesbürger gibt dem Bahnausbau den Vorrang vor dem Straßen- und Flugverkehr. Allerdings hält die Bereitschaft, das Auto auch wirklich stehen zu lassen und stattdessen auf die Bahn umzusteigen, mit dieser Einsicht nicht so recht mit – da ließe sich noch viel ändern.
Aber immerhin: Etwa 50 Prozent der Befragten sprachen sich für einen weiteren Ausbau des Schienennetzes aus, für den Ausbau der Autobahnen waren nur 10 Prozent, der Flugverkehr fand nur bei 4 Prozent der Befragten seine Anhänger. Das bedeutet aber auch: Eine hohe Zahl von Bürgern hat keine Meinung zum Thema Verkehrsentwicklung – da bestehen offensichtlich noch Kenntnislücken, die es zu schließen gilt.

Anmerkung zur Auswertung der Übung 1:

Wenn es gut läuft, wird bei dieser Übung klar, dass es einen großen Unterschied zwischen einem geschriebenen Text (etwa einem Zeitungsartikel) und dem Aufbau eines Redebeitrags gibt (geben sollte). Um dieses herauszufinden sollten nach Abschluss der Übung die Redeentwürfe und die Übungstexte noch einmal genau verglichen werden:

* Sind die Redeentwürfe nur ein Abklatsch der Texte?
* Oder sind die einzelnen Bestandteile und Argumente anders angeordnet?
* Kommt ganz deutlich heraus, was das Ziel der Redebeiträge sein soll?
* Können die Zuhörenden wirklich nach den Redebeiträgen wissen, was sie nun ganz praktisch (!) tun sollen?

Außerdem sollte beim Vergleichen noch über Folgendes nachgedacht werden:

* Bei einem geschriebenen Text kann ein nicht verstandener Satz einfach noch einmal gelesen werden; diese Chance haben die Menschen, die uns reden hören, nicht. Also muss jeder Redebeitrag besonders klar aufgebaut und formuliert sein.
* In einem Zeitungsartikel stehen die wichtigsten Aussagen oft am Anfang – das wäre bei einem Redebeitrag vielleicht nicht so geschickt.

- Ein geschriebener Text beginnt mit einer Überschrift, mit einer Schlagzeile, die signalisieren soll, worum es in dem Text geht – die Frage ist, ob auch ein Redebeitrag mit so einer Art Schlagzeile beginnen sollte.

Wenn man das Gefühl hat, bei der Ausarbeitung der Redebeiträge doch noch zu sehr am Text kleben geblieben zu sein, sollte die Übung noch einmal wiederholt werden! Für eine mehrfache Wiederholung können auch beliebige kürzere Artikel aus irgendeiner Tageszeitung genommen werden.

Aufbau eines kurzen Redebeitrags in drei Schritten

Warum redet man eigentlich? Etwa in der Betriebsöffentlichkeit? Man hat ein Anliegen! Man will etwas erreichen, sich durchsetzen – darum und nur darum redet man üblicherweise.

> **Das Wichtigste an einer Rede ist also stets das Anliegen, das man hat!**

Dieses Anliegen an die Zuhörenden (Was sollen sie **verstehen**? Was sollen sie **tun**?) ist der eigentliche Zweck einer Rede – und deshalb nennt man den Teil einer Rede, in dem das Ansinnen des Redners so deutlich wie möglich formuliert wird, auch den **Zwecksatz**. Und weil alle anderen Argumente und Informationen nur dazu dienen, die Zuhörenden dahin zu bringen, dass sie das verstehen und möglichst auch akzeptieren, was der Redende erreicht sehen will, gilt auch:

> **Der erste Planungsschritt für einen Redebeitrag ist immer die Formulierung des Zwecksatzes!**

Aber natürlich macht ein Zwecksatz allein noch keinen Redebeitrag. Selbstverständlich muss er auch begründet werden.

> **Im zweiten Planungsschritt werden also Fakten und Argumente zusammengestellt, die den Zwecksatz unterstützen!**

Inhaltlich hätte man damit sogar schon alles beisammen, was für einen kürzeren Redebeitrag so gebraucht wird. Vorerst geht es schließlich nur um einen wirklich kurzen Redebeitrag, beispielsweise im Verlauf einer Diskussion. Länger als vielleicht eine Minute sollte er also nicht ausfallen. Und viel Zeit für die Vorbereitung hat man ja auch nicht – einige schnell aufgeschriebene Stichworte müssen (später, in der Praxis) ausreichen.

Schauen wir noch einmal genau hin: Als erstes steht der Zwecksatz da (»Das will ich von euch!«) und dann folgen ein paar Fakten und Argumente als Begründung.

Es stimmt: **Planen** kann man einen Redebeitrag nur so, in dieser Reihenfolge! Denn so lange man nicht festgelegt hat, **was** mit einem Redebeitrag überhaupt erreicht werden soll, kann man auch nicht wissen, welche Argumente den Zwecksatz wirksam unterstützen könnten.

Aber: Für den **Aufbau** des eigentlichen Redebeitrags ist diese Reihenfolge nicht die sinnvollste. Denn das Wichtigste steht gleich am Anfang und das wäre nicht sehr geschickt. Man würde gleich mit der Tür ins Haus fallen und somit riskieren, dass die Zuhörenden zunächst abwehrend reagieren. Und vielleicht würden die nachfolgenden Erklärungen dann gar nicht mehr richtig aufgenommen. Oft ist es auch so, dass einige der Zuhörenden überhaupt erst beginnen zuzuhören, wenn man bereits ein paar Worte gesagt hat. Kurzum:

> **Das Wichtigste (also der Zwecksatz) sollte nicht gleich am Anfang eines Redebeitrags stehen!**

Besser wäre es, mit einer gut aufgebauten Begründung behutsam auf den Zwecksatz hinzuarbeiten. Die Zuhörenden sollten Schritt für Schritt meine Argumente nachvollzogen haben, ehe sie mit dem eigentlichen Anliegen des Redebeitrags konfrontiert werden. Anders ausgedrückt:

> **Die Reihenfolge beim Aufbau eines Redebeitrags muss also eine andere sein, als die der Planungsschritte! Erst kommt die Begründung, dann der Zwecksatz!**

Allerdings sollte man auch mit der Begründung nicht gleich beginnen. Man benötigt doch noch eine (oft nur sehr kurze) Einleitung, die die Zuhörenden mit dem Thema des Redebeitrags vertraut macht. Sie sollen ja an dem interessiert sein, was man zu sagen hat. Sie sollen angeregt werden, aufmerksam zuzuhören. Ja, sie müssen geradezu neugierig werden auf das, was gleich kommen wird.

Und um das zu erreichen, muss man in einem extra Einstieg signalisieren, dass man (selbstverständlich) nicht über irgendein x-beliebiges Thema reden will, sondern dass das, was man gleich sagen wird, für die Zuhörenden eine persönliche Bedeutung hat.

Natürlich gibt es sehr viele unterschiedliche Möglichkeiten, in einen Redebeitrag einzusteigen, aber:

Der Einstieg sollte immer aus der Situation abgeleitet werden, in der man gerade zu reden beabsichtigt – es sollte immer ein »situations-bezogener Einstieg« sein!

Dabei geht es – wie gesagt – darum, eine Verbindung zwischen dem Rede-Thema und der Situation sowie den Erfahrungen der Zuhörenden herzustellen. Man wird also etwas aufgreifen, was bereits allgemein bekannt ist, was alle Zuhörenden gemeinsam erlebt und in Erinnerung haben. Neue, überraschende und fordernde Inhalte sollten immer erst danach kommen.

Damit ist das 3-Schritt-Modell für den kürzeren Redebeitrag vollständig. Und dafür muss man vor allem verstehen, dass die Planungsschritte für einen Redebeitrag in genau der umgekehrten Reihenfolge ablaufen müssen, wie dann die Gliederung des eigentlichen Redebeitrags:

Planung des Redebeitrags	Gliederung des Redebeitrags
1. Zwecksatz *(Anliegen an das Publikum)*	1. Einstieg *»Dieses Thema geht euch an!«*
2. Begründung *(Fakten und Argumente)*	2. Begründung *»So sieht's aus!«*
3. Einstieg *(situationsbezogen formuliert)*	3. Zwecksatz *»Das könnt ihr tun!«*

Es folgt eine Übung zum Formulieren einiger Redebeiträge nach diesem 3-Schritt-Modell. Dabei wird das Ausarbeiten zunächst noch relativ viel Zeit in Anspruch nehmen – man wird doch etwas länger überlegen müssen, bis man einen klar aufgebauten Redebeitrag zusammenbekommen hat. Mit der Zeit aber wird das immer schneller gehen – und irgendwann so schnell, dass man einen Redebeitrag tatsächlich während einer laufenden Diskussion in einigen Sekunden planen kann. Dafür ist es natürlich hilfreich, gerade diese Übung auch später immer wieder einmal zu wiederholen.

Übung 2

Das 3-Schritt-Modell

Ziel	Redebeiträge nach dem 3-Schritt-Modell ausarbeiten. Dabei müssen die drei Planungsschritte genau eingehalten werden: – Zwecksatz – Begründung – Einstieg Erster Versuch, einen ausgearbeiteten Redebeitrag auch vorzutragen.
Material	Arbeitsblätter ab Seite 146; die dort abgedruckten Übersichten sollten kopiert werden, damit die Originalseiten unausgefüllt für spätere Wiederholungen erhalten bleiben.
Ablauf	In den Diskussionsbeispielen äußern zwei Leute unterschiedliche Meinungen zu einem Problem. Aufgabe: Überlegen, was die eigene Meinung dazu ist – entweder A hat Recht oder B oder man hat eine dritte, ganz andere Meinung dazu.
Ablauf	Entsprechend den Zwecksatz formulieren. Dann Stichworte für die Begründung und für den Einstieg überlegen und in das Formblatt schreiben. Reihenfolge: von unten nach oben. Mehrere Sprechdenkversuche (siehe Anmerkung unten), wenn möglich mit Tonaufzeichnung (noch kein Video!).

Anmerkung: Sprechdenkversuch

In Übung 1 ging es nur darum, einige Notizen zu machen. Bei Übung 2 stehen am Ende nun »Sprechdenkversuche«. Was darunter zu verstehen ist, muss noch kurz erklärt werden:

Bei einem Sprechdenkversuch legt man das mit Stichworten ausgefüllte Arbeitsblatt vor sich auf den Tisch und versucht, nach den aufgeschriebenen Stichworten vollständige Sätze zu bilden. Dabei kann man leise oder laut vor sich hin sprechen. Wichtig ist nur, dass man tatsächlich spricht und nicht nur in Gedanken die einzelnen Sätze formuliert.

Das Beste ist natürlich – auch bei den folgenden Übungen – wenn man nicht allein arbeitet, sondern mit noch jemandem oder sogar in einer kleinen Gruppe. Dann kann man den Sprechdenkversuch vor »Publikum« vortragen. Wer kein Publikum hat, wird von einem Tonmitschnitt profitieren. Eine Videoaufzeichnung sollte aber (vorerst) auf keinen Fall gemacht werden, sie verunsichert zunächst noch mehr als sie hilft und vor allem »erzieht« sie dazu, die Kamera anzusprechen (was für Nachrichtensprecher im Fernsehen und für oft interviewte Politiker wichtig ist – hier aber geht es darum, vor und zu Menschen zu sprechen).

Das Reden nur nach Stichworten ist zunächst sicher noch sehr schwierig – es sollte aber auf jeden Fall von Anfang an versucht werden. Dazu wird es auch noch eine ganze Reihe von Übungen geben.

Arbeitsblatt 1

Mehr Diskussionsbeteiligung, bitte!

A sagt: »Also irgend etwas stimmt bei unseren Versammlungen nicht. Reden tun immer nur dieselben und die anderen sitzen wie die Ölgötzen da und kriegen das Maul nicht auf! Ich frage mich, woran das liegt und wie wir das schaffen können, dass mehr Leute als bisher eine wirkliche Chance bekommen, sich an unseren Diskussionen zu beteiligen.«

B sagt: »Wenn das Kritik an meiner Versammlungsleitung sein soll, dann will ich dir gleich mal Folgendes dazu sagen: Hier können alle reden, die das wollen. Ich übersehe niemanden und alle haben die gleichen Chancen. Aber wer diese Möglichkeit nicht nutzt, ist eben selber schuld! Ich kann die Leute doch nicht zwingen, was zu sagen. Wahrscheinlich wollen die das eben nicht, und dann ist das doch auch okay.«

Aufbau des eigenen Redebeitrags:

(3) Einstieg: _____

_____

_____

(2) Begründung: _____

_____

_____

(1) Zwecksatz: _____

_____

_____

Arbeitsblatt 2

Wer kandidiert für den Betriebsrat?

A sagt: »Kolleginnen und Kollegen! Auf der Tagesordnung steht jetzt der Punkt: Sammeln aller Kandidaturvorschläge für die bevorstehende Betriebsratswahl. Ich bitte also um möglichst viele Vorschläge! Gut wäre es zum Beispiel, wenn sich mehr Kolleginnen als früher zur Verfügung stellen würden. Bis jetzt ist unser Betriebsrat ja noch ein reiner Männerverein.«

B sagt: »Du meine Güte. Lasst doch diesen pseudo-demokratischen Quatsch. Stundenlange Diskussionen und am Ende hat sich dann doch nichts geändert. Ich bin dafür, wir lassen die Liste so, wie sie das letzte Mal war – soviel ich weiß, wollen die ja doch alle wieder kandidieren! Na ja, und wenn dann noch ‹ne Frau zusätzlich mitmachen will, dann kommt die eben auch mit auf die Liste; ist doch kein Problem.«

Aufbau des eigenen Redebeitrags:

(3) Einstieg: _____

_____

_____

(2) Begründung: _____

_____

_____

(1) Zwecksatz: _____

_____

_____

Arbeitsblatt 3

Vielleicht geht's auch mal ohne Auto!

A sagt: »Ich weiß nicht. Irgendwie ist das komisch. Wir sind doch nun alle für den Umweltschutz – theoretisch jedenfalls. Aber wenn ich mir angucke, wie das vor der Tür aussieht – fast alle kommen mit dem Auto zur Arbeit. Auch die, die ziemlich nah wohnen. Ich denke, wir sollten mal eine Aktion ›Mit dem Fahrrad zur Arbeit‹ starten.«

B sagt: »Na, na – man kann aber auch alles übertreiben. Ich fahre auch mal mit dem Fahrrad, wenn das Wetter schön ist. Jetzt aber irgendeine großartige Aktion dazu zu machen, das geht nun wirklich zu weit. Da kommt unter Garantie nichts dabei heraus und außerdem haben wir doch wirklich Wichtigeres zu tun.«

Aufbau des eigenen Redebeitrags:

(3) Einstieg: _____

_____

_____

(2) Begründung: _____

_____

_____

(1) Zwecksatz: _____

_____

_____

Arbeitsblatt 4

Zu wenig Engagierte in der Gewerkschaftsgruppe?

A sagt: »Kolleginnen und Kollegen! Die Beteiligung an unseren Gruppentreffen ist in letzter Zeit immer schlechter geworden. Ich weiß wirklich nicht, woran das liegt, wir machen doch das, was wir schon immer gemacht haben – das ist doch nicht schlechter oder langweiliger geworden. Und trotzdem: Früher waren wir immer zwölf bis 15 Leute und jetzt sitzen hier noch sieben Figuren. Da müssen wir mal was unternehmen!«

B sagt: »Ach, hör doch auf. Da machst du gar nichts. Da kannst du dich auf den Kopf stellen und mit den Beinen wackeln und kannst sogar Freibier anbieten – es will sich eben niemand mehr engagieren. Nur das Maul aufreißen, aber selber nix tun. Ist doch immer dasselbe! Ich sag dir – lieber mit wenigen Leuten arbeiten, aber dafür richtig!«

Aufbau des eigenen Redebeitrags:

(3) Einstieg: _____

_____

_____

(2) Begründung: _____

_____

_____

(1) Zwecksatz: _____

_____

_____

Das freie Sprechen – gar nicht so schwierig

»Frei« zu sprechen, das kann viel bedeuten: Es kann heißen, dass man die Freiheit hat, alles zu sagen, was man denkt. Es kann heißen, dass man trotz seines Willens, andere zu überzeugen, mit seiner Rede den Zuhörenden doch die Freiheit lässt, sich ihre eigene Meinung zu bilden. Und es kann heißen, dass man frei spricht, weil man keinen wörtlich vorformulierten Text hat, sondern nur einige Stichworte. Hier soll es nur um diese dritte, eher praktische Bedeutung des freien Sprechens gehen.

Und immerhin ist ja auch gerade die Frage, ob man nur nach Stichworten frei sprechen sollte oder nicht, sehr umstritten. Vor allem zu Beginn ihrer »Rednerlaufbahn« haben die meisten Menschen schlicht und einfach die Sorge, dass ihnen ohne ein, in allen Einzelheiten ausgefeiltes, Manuskript im entscheidenden Augenblick nicht die richtigen Worte einfallen.

Andererseits liegt es aber auf der Hand – und wer Abschnitte aus irgendeinem Buch einmal bewusst laut liest – wird das auch spüren: Geschriebene Sprache klingt nun einmal anders als gesprochene. Meist wirkt sie etwas »hölzern«, gestelzt, unnatürlich. Man redet eben nicht frei von der Leber weg. Und wer unseren Politikschaffenden und anderen Redeprofis zuhört – von denen ja kaum jemand wirklich frei spricht –, kann auch sehr schnell feststellen, dass diese Art Schriftdeutsch recht schwer zu verstehen ist. Das gilt selbst dann, wenn dabei ausnahmsweise einmal nicht so viele Fachausdrücke benutzt werden ...

> **Verständlicher ist es immer und auf jeden Fall, wenn man so redet, wie man auch im Alltag spricht – also ohne sich zu verstellen!**

Der Wunsch, besonders ausgefeilt zu reden, ist natürlich gut zu verstehen. Der Betriebsrat zum Beispiel möchte gerne zeigen, was er kann, oder dass er es (mindestens) auch so kann wie die Unternehmensleitung. Auch ist es ausgesprochen erheiternd zu beobachten, wie unwahrscheinlich schnell Neulinge im »Redegeschäft« ihre ursprünglich vielleicht noch vorhandene Unbefangenheit und Frische verlieren und wie bald sie genauso gestelzt und mit hohlen Phrasen daher reden wie die »Alten«. Gerade aber auch für den Betriebsrat sollte es jedoch um etwas ganz anderes gehen:

> **Keinesfalls geht es darum, Geschäftsleitungen oder sonst jemand »Höherem« zu imponieren, sondern nur darum, vom »Publikum« verstanden zu werden!**

Oft ist es ein Problem, dass man meint, die »Alltagssprache« sei für eine bestimmte offizielle Redesituation (etwa auf einer Betriebsversammlung) nicht gut genug – was einem übrigens oft nicht einmal bewusst ist. Ganz unwillkürlich benutzt man in solchen Redesituationen Wörter und Formulierungen, die man in einem normalen Gespräch niemals verwenden würde.

In Redeseminaren kann man das immer wieder erleben. Da sagt ein Betriebsratsmitglied bei einer Proberede beispielsweise: »Nun, liebe Kolleginnen und Kollegen, damit ist doch wieder einmal der unwiderlegbare Beweis dafür erbracht, dass die Unternehmensleitung den Betriebsrat auch in diesem konkreten Fall bewusst und mit voller Absicht im Dunkeln gelassen hat.«

Zunächst findet niemand etwas an solchen herrlichen Sätzen. Man ist das eben einfach so gewohnt – fast jede öffentlich gehaltene Rede besteht nur aus solchen oder ähnlichen Formulierungen. Wenn man sich aber genau dazu einmal die folgende Situation vorstellt:

Dasselbe Betriebsratsmitglied sitzt mit Ehepartner am Frühstückstisch, möchte dort das gleiche Problem schildern und sagt dann: »Hans-Werner – das siehst du doch sicher genauso, dass wir als Betriebsrat in diesem Falle wieder einmal bewusst und mit voller Absicht im Dunkeln gelassen wurden!« Nun, dann kommen einem derart geschraubte und unnormale Formulierungen plötzlich wohl doch etwas komisch vor. Es mag also ungewohnt sein, aber:

> **Gerade auch in offiziellen Redesituationen muss man sich bemühen, möglichst »normal« zu sprechen! Das ist verständlicher und deshalb auch wirksamer als irgendeine Art »offizieller« Sprache!**

Und das ist es doch, was man gerade als Betriebsrat erreichen will: Man möchte verstanden werden, nicht mehr und nicht weniger.

Einen »Haken« hat die Sache allerdings: Eine verständliche Alltagssprache lässt sich nur schwer aufschreiben und noch schwerer überzeugend ablesen. Kurzum: Reden in einer verständlichen Alltagssprache bekommt man nur dann hin, wenn man dabei auch frei spricht – also nach Stichworten!

Noch etwas zum Thema »Ablesen«. Ein wörtlich ausgeschriebenes Konzept verführt natürlich genau dazu: Man klebt am Text und »leiert« – oft auch ohne Pause und Betonung – seinen Redebeitrag herunter. Spricht man dagegen frei, muss man jeden neuen Gedanken, der ja immer nur durch einige Stichworte beschrieben ist, erst einmal für sich formulieren. Was unter anderem bedeutet, dass man immer mal wieder kleine Pausen machen **muss**. Und das ist gut so, denn:

> **Pausen sind nichts Negatives! Im Gegenteil: Sie geben den Zuhörenden etwas Zeit, das Gehörte einen Augenblick nachwirken zu lassen – es kann dann besser aufgenommen und verarbeitet werden.**

> **Man spricht also langsamer, betonter und mit mehr Pausen, wenn man frei redet!**

> **Und man ist sogar sicherer!**

Ja, tatsächlich. Das wörtlich aufgeschriebene Manuskript gibt nämlich nur eine scheinbare Sicherheit. Es ist ja als fortlaufender Text geschrieben und wenn man beim Ablesen zwischendurch einmal hochguckt oder durch einen Zwischenruf abgelenkt wird, besteht die Gefahr, dass man dadurch den Kontakt zum Text und damit auch den Faden verliert.

Deshalb schauen die meisten Redenden wohl auch vorsichtshalber gar nicht oder immer nur alle paar Minuten ganz kurz einmal hoch – was nicht gerade die beste Methode ist, eine mitreißende Rede zu halten.

Stichworte sind da prinzipiell übersichtlicher, man verliert nicht so schnell den Überblick, und wenn man doch einmal aus dem Konzept kommt, wird man besser damit fertig, weil man beim freien Sprechen ja ohnehin immer etwas improvisieren muss und sich rascher neu orientieren kann.

Die Erfahrung zeigt allerdings, dass die meisten Menschen das nicht so ohne weiteres glauben mögen. Sie können sich einfach nicht vorstellen, dass freies Sprechen besser funktioniert und alles in allem sogar sicherer ist, als das Sprechen nach einem vollständig ausgeschriebenen Manuskript. Deshalb:

> **Man sollte auf jeden Fall die Gelegenheit nutzen, das freie Sprechen nach Stichworten mindestens einmal ernsthaft auszuprobieren!**

Übungen dazu folgen gleich. Vielleicht überzeugt aber auch dieser kleine Ausschnitt aus Kurt Tucholskys berühmten »Ratschlägen für einen schlechten Redner«:

> »Sprich nicht frei – das macht einen so unruhigen Eindruck. Am besten ist: du liest deine Rede ab. Das ist zuverlässig, auch freut es jedermann, wenn der lesende Redner nach jedem viertel Satz misstrauisch hochblickt, ob auch noch alle da sind.
>
> Wenn du gar nicht hören kannst, was man dir so freundlich rät, und du willst durchaus und durchum frei sprechen ... du Laie! Du lächerlicher Cicero! Nimm dir doch ein Beispiel an unseren professionellen Rednern, an den Reichstagsabgeordneten – hast du die schon mal frei sprechen hören? Die schreiben sich sicherlich zu Hause auf, wenn sie ›Hört! hört!‹ rufen ...«

Man sieht: Viel hat sich nicht geändert, seit Tucholsky das vor etwa 90 Jahren beobachtet und aufgeschrieben hat – jede Bundestagsdebatte beweist das aufs Neue. Das sollte aber niemanden daran hindern, es besser zu machen.

Übung 3

Wiedergabe eines Textes

Ziel	Ohne Stichworte einen einmal gelesenen/gehörten Text aus dem Gedächtnis wiedergeben.
Material	Tageszeitung
Ablauf	Eine beliebige Meldung aus der Tageszeitung heraussuchen (nicht länger als 15 bis 20 Zeilen). Die Meldung einmal und laut lesen. Die Zeitung umdrehen und versuchen, die wichtigsten Punkte zu wiederholen – sinngemäß, nicht wörtlich! Zeitung wieder umdrehen und überprüfen, ob man alle wichtigen Aussagen zusammenbekommen hat. Gut ist es, wenn man zur Kontrolle eine Tonaufzeichnung benutzt. Die Übung kann mit unterschiedlichen Artikeln mehrmals wiederholt werden. Arbeitet man zu zweit oder in einer Gruppe, lässt man andere den Text vorlesen und die vollständige Wiedergabe kontrollieren.

Übung 4

Spontane Beschreibung eines Begriffs

Ziel	Einige Sätze lang über ein beliebiges Stichwort reden.
Material	Tageszeitung
Ablauf	Zeitung aufschlagen und über das erste Hauptwort, das ins Auge fällt, sofort losreden! Dabei nicht mehr weiterlesen, sondern die Zeitung gleich wieder zuschlagen. Am besten ist es, wenn man beschreibt, was das gelesene Wort für einen selbst bedeutet. Man sollte dabei versuchen, mindestens drei vollständige Sätze lang darüber zu sprechen. Arbeitet man zu zweit oder in der Gruppe, lässt man sich ein entsprechendes Stichwort zurufen. Diese Übung sollte auf jeden Fall mehrere Male (vier-, fünfmal) wiederholt werden.

Übung 5

Stegreif-Reden

Ziel	Anhand von vier zufällig zusammengewürfelten Stichworten mehrere, möglichst zusammenhängende Sätze formulieren – für jedes Stichwort mindestens einen abgeschlossenen Satz!
Material	Die ab Seite 158 abgedruckten Zettel (von diesen Seiten eine Kopie – wenn möglich auf etwas festerem Papier – erstellen und an den Linien entlang in einzelne, gleich große Zettel zerschneiden).
Ablauf	Die Zettel mit den Stichworten gut mischen und mit der bedruckten Seite nach unten auf einem Tisch verteilen. Vier Zettel ziehen und übereinanderlegen – die Zettel dabei so auffächern, dass man alle vier Worte auf einmal lesen kann. Das erste Stichwort ansehen und sofort (!) losreden – hierzu auf jeden Fall noch die folgende Anmerkung lesen! Während man zum ersten Stichwort einen Satz formuliert, überlegen, wie man einen Übergang zum nächsten Stichwort schafft; dann darüber weiterreden usw. Wenn möglich, eine Tonaufzeichnung (kein Video) machen. Übung mehrfach wiederholen, mit immer neuen Stichworten. Die einmal verwendeten Zettel werden zur Seite gelegt.

Anmerkung zu den Übungen 3 bis 5:

Je häufiger diese Übungen zu verschiedenen Zeiten wiederholt werden, desto größer ist der Trainingserfolg.

Die Übungen 4 und 5 sind echte Stegreif-Übungen. Das heißt, dass diese Übungen nur dann klappen, wenn man wirklich (ohne nachzudenken!) sofort drauflos redet.

Vor allem bei Übung 5 darf man auf keinen Fall versuchen, vor dem Reden in Gedanken eine Verbindung zwischen den einzelnen Stichworten herzustellen oder womöglich auch noch die Reihenfolge der Zettel entsprechend umzusortieren. Das wäre ein grober Fehler und führt mit großer Sicherheit zum Scheitern! Sowie man so etwas nämlich versucht, erscheint die Aufgabe so schwierig, dass man vor lauter Nachdenken keinen Anfang findet.

Schafft man es zunächst nicht, aus dem ersten Wort spontan einen Satz zu bilden, hat man aber dennoch begonnen nachzudenken und zu grübeln; findet man einfach überhaupt keinen Einstieg, macht das nichts. Man legt die Zettel einfach wieder hin und sucht neue Zettel heraus. Dann aber – bitte! – wirklich nur anhand des ersten Stichworts beginnen, einen Satz zu bilden.

Anfangs glaubt man es nicht, aber es ist durchaus möglich, während man einen ersten Satz bereits ausspricht, gleichzeitig darüber nachzudenken, wie es weitergehen soll. Genau das soll durch diese Übung trainiert werden.

Vielleicht gelingt es nicht gleich, zwischen allen Stichworten eine gelungene Verbindung herzustellen (dabei können manchmal ziemlich witzige Sachen herauskommen); aber auch das wird mit mehrfachem Üben immer besser werden. Diese Verbesserungen kann man mit einer Tonaufnahme natürlich gut kontrollieren.

Übrigens ist Übung 5 – mit selbst erstellten Zetteln (ganz kleine Karteikarten eignen sich besonders gut) und anderen Stichworten – auch ein nettes Gesellschaftsspiel!

Stichwortzettel zu Übung 5

STAUB	HITZE	SICHERHEIT
MEISTER	ARBEITSPLATZ	GESETZE
UMWELTSCHUTZ	LÄRM	ANTWORT
VERTRAUEN	AUFKLÄREN	GLÜCK
HETZE	AUTO	PROFIT

Stichwortzettel zu Übung 5

FAHRRAD	WAHL	GELD
KONTROLLE	ARBEIT	CHEFIN
DEMOKRATIE	VORSTAND	BEITRAG
MÜLL	FEIERABEND	UNGERECHT
PAUSE	KÜNDIGUNG	BETRIEBSRAT

Situationsbezogener Einstieg und Zwecksatz

Einstieg und Schluss sind – das haben die bisherigen Kapitel und Übungen schon gezeigt – die Teile einer Kurzrede, bei denen eine unmittelbare Verbindung zwischen Thema und Publikum stattfinden soll. Deshalb gilt:

> **Einstieg und Schluss sind für die Wirkung eines Redebeitrags von entscheidender Bedeutung!**

Mit dem Einstieg soll den Zuhörenden klargemacht werden, dass ein Thema speziell für sie interessant ist, dass es wichtig für sie ist, von jetzt an genau zuzuhören. Sie sollen neugierig gemacht werden auf das, was kommt. Der Einstieg soll aufrütteln. Der Verzicht auf einen solchen Einstieg oder ein nicht exakt auf das Publikum zugeschnittener Anfang führen deshalb oft dazu, dass ein ansonsten sehr vernünftiger Redebeitrag, eine gute Idee oder ein nützlicher Vorschlag nicht entsprechend aufgenommen werden.

Gerade bei der Beschäftigung mit dem Anfang und dem Schluss eines Redebeitrags entsteht oft der Eindruck, dass der bisher erarbeitete 3-Schritt-Aufbau (oder erst recht der noch kommende 5-Schritt-Aufbau) dazu führt, dass man zu umständlich, zu ausschweifend und zu kompliziert spricht. Genau das Gegenteil aber ist richtig:

> **Die konsequente Anwendung des 3-Schritt- und 5-Schritt-Aufbaus hilft, aus vorhandenen Informationen und Argumenten die wirklich nützlichen und notwendigen auszuwählen und sie in eine logische Reihenfolge zu bringen! So wird auch das Abschweifen vom eigentlichen Thema verhindert!**

Die Befürchtung, dass man durch einen gezielt überlegten Einstieg seinen Redebeitrag übermäßig in die Länge ziehen könnte, hängt sicher auch mit dem Missverständnis zusammen, dass ein situationsbezogener Einstieg immer eine (lange) Geschichte sein müsse. Dabei ist zum Beispiel eine kurze, aufrüttelnde Frage oder eine schlagwortartige, provozierende Behauptung am Anfang eines Redebeitrags viel wirksamer als eine lange und breite Schilderung, warum denn ein Thema für die Zuhörenden so furchtbar wichtig sein soll.

Gleiches gilt für den Schluss, also für den Zwecksatz. Auch hier wendet man sich noch einmal direkt an die Zuhörenden, nimmt sie in die Verpflichtung, selber aktiv zu werden (oder versucht es zumindest). Hat man im Mittelteil eines Redebeitrags (der Begründung) dargestellt, welche allgemeinen Maßnahmen man sich zur Erreichung eines Ziels vorstellen kann (zum Beispiel was man vom Arbeitgeber erwartet oder was der Gesetzgeber machen sollte), dann will und soll man zum Schluss möglichst deutlich machen, dass und was jeder Zuhörende ganz persönlich zu der Problemlösung beitragen sollte.

Darin steckt sogar ein Stück politisches Programm: Man schiebt die Lösung eines Problems nicht immer nur auf andere (bevorzugt auf »die da oben«), sondern man kann und muss auch selber etwas tun!

Und mit ein wenig Nachdenken findet man auch bei (fast) jedem Thema eine solche Möglichkeit, die Zuhörenden zu eigenen Aktivitäten aufzufordern. Man muss ja nicht sagen: »Der Betriebsrat soll dieses oder jenes tun!« Sondern man kann auch sagen: »Wir müssen den Betriebsrat dabei unterstützen, indem wir ...« (Beispiele: die persönlichen Informations- und Beschwerderechte ausnutzen, Diskussionen am Arbeitsplatz führen, häufiger mit dem Fahrrad zur Arbeit kommen – die Liste mit Aktionsmöglichkeiten dieser Art ließe sich beliebig verlängern).

> **Es kommt darauf an, dass der Zwecksatz eines Redebeitrags möglichst klar und unmissverständlich formuliert wird!**

Eine Rede darf zum Ende hin nicht etwa abschlaffen, darf nicht unauffällig »im Sande versickern« – sie muss mit einem genau platzierten »Paukenschlag« beendet werden.

Und nun noch eine allgemeine Anmerkung zum Rede-Aufbau:

Es ist mit Sicherheit so, dass jedes Schema zunächst als Einengung, als Behinderung empfunden wird. Man kann nicht einfach mehr so drauflos reden, wie es einem gerade einfällt. Man braucht am Anfang auch noch ziemlich viel Zeit, um sich vorzubereiten, um Ordnung in die eigenen Gedanken zu bringen.

Soll ein Redebeitrag aber genau die beabsichtigte Wirkung haben und will man verhindern, dass man den Faden verliert und ins »Labern« kommt, sodass die Zuhörenden am Ende gar nicht recht wissen, was man nun eigentlich von ihnen wollte, dann muss man sich an ein Schema halten.

Und der am Anfang vielleicht (zu) groß erscheinende Aufwand wird sich bei entsprechendem Training sehr schnell verringern. Man kann es mit dem 3-Schritt-Modell dann durchaus schaffen, während einer laufenden Diskussion in vielleicht nur einer oder zwei Minuten einen klar aufgebauten Redebeitrag zusammenzustellen. Wichtig ist dabei natürlich, dass man von Beginn an nur mit Stichworten arbeitet und nicht etwa versucht, einen kleinen Aufsatz zu schreiben.

Übung 6

Einstieg und Zwecksatz

Ziel	Üben, verschiedene situationsbezogene Einstiege und durchschlagende Zwecksätze zu einem vorgegebenen Thema zu formulieren. Wichtig: Beides zielt direkt auf die Zuhörer, es hängt also tatsächlich von der jeweiligen Situation ab, was als Einstieg geeignet ist und welche Aktivitäten sinnvollerweise vorgeschlagen werden können. Es gibt deshalb nicht »den richtigen« Einstieg oder Schluss – es gibt immer mehrere und ganz verschiedene Möglichkeiten.
Material	Arbeitsblätter ab Seite 166 (Kopien anfertigen).
Ablauf	Zunächst die vorgegebene Situation (den Problembereich und das Ziel des Redebeitrages) durchlesen. Überlegen, wie die genaue Situation, in der der Redebeitrag kommen soll, aussehen könnte. Stichworte zu einem möglichen Einstieg formulieren (dabei muss etwas Phantasie entwickelt oder versucht werden, die beschriebene Situation auf eigene, bekannte Probleme zu übertragen). Unterschiedliche Möglichkeiten des Einstiegs am gleichen Beispiel erproben (Anregungen dazu gibt das Beispiel auf Seite 165). Sprechdenkversuch – möglichst mit Tonaufzeichnung – und überlegen, welche Einstiegsform die zündendste ist. Dabei ist es natürlich besonders gut, wenn man das zu zweit oder in der Gruppe machen kann. Nach demselben Verfahren jetzt unterschiedliche Zwecksätze ausarbeiten. Die Zwecksätze sollten kurz aber genau formuliert sein. Deshalb können sie (als Ausnahme!) auch wörtlich formuliert werden! Die Zwecksätze laut vortragen (möglichst mit Tonaufzeichnung). Dabei darauf achten, dass der Nachdruck, mit dem der Zwecksatz vorgetragen werden soll (der Redebeitrag soll schließlich etwas bewirken!), auch in der Stimme deutlich wird!

Anmerkung zur Übung 6

Eigentlich kann bei dieser und auch bei den nächsten Übungen auf eine Ton-aufzeichnung nicht mehr verzichtet werden. Denn mit Übung 6 beginnend sollte jetzt immer auch darauf geachtet werden, wie überzeugend man seine Redebeiträge vorbringt. Es sollte also darauf geachtet werden, ob man mit ausreichendem Nachdruck und einiger Betonung gesprochen hat oder ob sich die ganze Sache noch etwas langweilig und trocken anhört.

Vielleicht kann man von nun an auch schon mal mit Videoaufnahmen ex-perimentieren – dabei aber nicht direkt in die Kamera sprechen, sondern diese etwas seitlich platzieren.

Arbeitsblätter zu Übung 6:

Hier soll beispielhaft gezeigt werden, wie die folgenden Arbeitsblätter (Kopien) ausgefüllt werden sollen. Dabei geht es darum, gezielt nur Einstiege und Schlusssätze zu üben. Die häufigsten Formen für Einstiege und Schlusssätze sind diese:

Einstiege	Zwecksatz
»rhetorische Frage«	konkreter Antrag
provozierende Behauptung	Aufruf, selber etwas zu tun
praktisches Beispiel	Zusammenfassung und Appell

In dem nun folgenden Beispiel geht es um das immer brisante Thema: »Probleme der Vertrauensarbeitszeit«:

Problembereich	**Seit Einführung der Vertrauensarbeitszeit hat die Zahl der »freiwilligen« (oder nicht gemeldeten) Überstunden stark zugenommen.**
Ziel des Redebeitrags	**Der Betriebsrat soll dies überprüfen und ein neues Arbeitszeitmodell erarbeiten, durch das diese »Selbstausbeutung« verhindert oder erschwert wird!**

Und so könnten die Einstiege und Schlusssätze eines Redebeitrags zu diesem Thema formuliert sein:

Einstieg	*»Liebe Kolleginnen und Kollegen! Was hat Vertrauensarbeitszeit eigentlich mit Vertrauen zu tun?«* **(rhetorische Frage)** Oder: *»Liebe Kolleginnen und Kollegen! Es sieht so aus als gäbe es in diesem Unternehmen zwei Klassen von Beschäftigten!«* **(provozierende Behauptung)** Oder: *»Liebe Kolleginnen und Kollegen! Gestern bin ich kurz nach 18.00 Uhr durch die Verwaltungsetagen gegangen. Und es hat tatsächlich – geschätzt – noch ein Viertel aller Angestellten gearbeitet ...«* **(konkretes Beispiel)**
Zwecksatz	*»Mein Antrag an den Betriebsrat lautet: Erarbeitung eines neuen Arbeitszeitmodells und Eintritt in Verhandlungen dazu! Bericht darüber auf der nächsten Betriebsversammlung! Ich bitte euch, diesen Antrag zu unterstützen!«* **(Antrag)** Oder: *»Wir müssen das durchschauen, Kolleginnen und Kollegen! Das bei uns angewendete Modell der Vertrauensarbeitszeit nutzt allein dem Arbeitgeber. Wir brauchen deshalb ein neues Arbeitszeitmodell!«* **(Zusammenfassung und Appell)** Oder: *»Jeder von uns hat es in der Hand, ob die Kalkulation des Arbeitgebers aufgeht. Widersetzen wir uns dem Druck, unbezahlte Überstunden zu leisten!«* **(Aufruf, selber aktiv zu werden)**

Arbeitsblatt zu Übung 6

Thema des Redebeitrags: Öko-Wettbewerb

Einstig: _____

                _____

                _____

                _____

                _____

                _____

**Problem-
bereich:**   Es gibt viele Bereiche im Betrieb, in denen noch zu wenig umweltbewusst gearbeitet wird. Nur selten wurden Ideen entwickelt.

**Ziel des
Redebeitrags:**   In einem Wettbewerb sollen möglichst viele praktische Ideen für den angewandten Umweltschutz gesammelt werden!

Zwecksatz: _____

                _____

                _____

                _____

                _____

                _____

Arbeitsblatt zu Übung 6

Thema des Redebeitrags: Personalreserven schaffen

Einstieg: _____

_____

_____

_____

_____

_____

_____

Problem-   Die Personalreserve reicht nicht aus, um alle Leute für die
bereich: Kurzpausen rechtzeitig ablösen zu können.

Ziel des   Der Betriebsrat soll sich für Neueinstellungen stark
Redebeitrags: machen, um die abgebauten Personalreserven wieder
                   aufzustocken!

Zwecksatz: _____

_____

_____

_____

_____

_____

Arbeitsblatt zu Übung 6

Thema des Redebeitrags: Umweltschutz durch Energiesparen

Einstieg: _____

_____

_____

_____

_____

_____

**Problem-
bereich:**   In einer Schule brennt oft unnütz Licht, Fenster stehen offen – Reduzierung des Energieverbrauchs wäre möglich!

**Ziel des
Redebeitrags:**   Aufforderung an alle, bei Verlassen der Räume die Lampen auszumachen und die Fenster zu schließen!

Zwecksatz: _____

_____

_____

_____

_____

_____

Arbeitsblatt zu Übung 6

Thema des Redebeitrags: Anschaffung eines »Geschirr-Mobils«

Einstieg: _____

_____

_____

_____

_____

_____

**Problem-
bereich:**   Bei den diversen Festen der Gemeinde werden riesige
Berge von Einmal-Geschirr und Plastikbesteck verbraucht.

**Ziel des
Redebeitrags:**   Die Gemeinde soll ein „Geschirr-Mobil" mit normalem
Geschirr, richtigen Bestecken und Spülmaschine
anschaffen!

Zwecksatz: _____

_____

_____

_____

_____

_____

Aufbau einer Rede in fünf Schritten

Das bisher schon trainierte und noch recht einfache 3-Schritt-Modell taugt natürlich nur für verhältnismäßig kurze Redebeiträge. Es ist entwickelt worden vor allem für den Redebeitrag, mit dem man sich in eine laufende Diskussion einmischen will, für den man also nur sehr wenig Vorbereitungszeit hat (und braucht).

Nach einigem Training wird man übrigens feststellen, dass es durchaus möglich ist, sogar spontan formulierte Redebeiträge nach diesem Schema aufzubauen, ohne sich darum bemühen zu müssen – die schlichte Logik des Aufbaus ist dann »in Fleisch und Blut übergegangen«. Und damit ist man natürlich einen großen Schritt vorangekommen. Deshalb:

> **Die bis hierher beschriebenen Übungen sollten unbedingt (häufiger) wiederholt werden!**

So vielseitig und häufig verwendbar der 3-Schritt-Redeaufbau aber auch ist: Wenn ein Thema umfassender behandelt werden muss und man dafür entsprechend mehr Zeit braucht, dann genügt dieses einfache Modell nicht mehr. Wobei es in keinem Fall schadet, sich dabei an die alte Weisheit zu halten: »Man darf über alles reden, nur nicht über 20 Minuten!«

Die gute Nachricht in diesem Zusammenhang ist: Der Standard-Redeaufbau muss nur von drei auf fünf Schritte erweitert werden: Und dabei können Einstieg (situationsbezogen!) und Schluss (Zwecksatz) im Prinzip sogar so bleiben, wie schon beim 3-Schritt-Aufbau.

Die Begründung allerdings, die muss beim 5-Schritt-Aufbau doch etwas genauer untergliedert werden. Und dafür gilt nach wie vor:

> **Wenn man als Betriebsrat redet, dann sollte man das immer mit einem klaren Ziel tun. Und dieses Ziel ist: informieren, überzeugen, bewegen!**

Das soll man nun natürlich nicht mit dem erhobenen Zeigefinger des Oberlehrers erreichen können (als Betriebsrat schon gar nicht). Trotzdem ist das, was den Zuhörenden abverlangt wird, doch so etwas wie ein Lernprozess. Und dazu gehört, dass man das zu Lernende schrittweise langsam und genau nachvollziehen kann. Denn:

Wird man überraschend mit einer neuen, vielleicht sogar gegen bisherige Erfahrungen laufenden Behauptung oder Idee konfrontiert, dann werden die meisten Menschen mit (gesunder) Skepsis reagieren. Haben sie aber den Gedankengang, der zu dieser Behauptung hinführt, erst einmal genau kennengelernt, dann werden sie eher bereit sein, auch Ungewohntes zu akzeptieren oder zumindest ernsthaft in Erwägung zu ziehen. Darauf muss man beim Aufbau der Begründung Rücksicht nehmen:

Erste Stufe der Begründung:

Zunächst muss dem Publikum erklärt werden, worum es überhaupt geht, wie **die Situation** aussieht, über die man zu reden gedenkt. Manchmal kommt auch noch ein wenig Vergangenheitsbewältigung hinzu – man muss zusätzlich erläutern, wie die Situation, um die es geht, überhaupt entstehen konnte, was bereits passiert ist, und vielleicht auch, wen man dafür verantwortlich machen muss. Mit solchen »geschichtlichen« Rückblicken sollte man allerdings immer vorsichtig sein. Man sollte also nur das erklären, was unbedingt gewusst werden muss, um die aktuelle Situation, um die es geht, zu verstehen.

> **Wenn man als Betriebsrat öffentlich redet, dann geht es meist um Probleme. Es gibt irgendwelche Schwierigkeiten, Konflikte, Forderungen, Missverständnisse – und man will versuchen, nicht nur Tatsachen zu klären, sondern vor allem auch Lösungsmöglichkeiten zu finden!**

Zweite Stufe der Begründung:

Ehe man aber zu mehr oder weniger konkreten Lösungsvorschlägen kommt, muss man wissen, wohin man am Ende kommen will. In der zweiten Stufe der Begründung wird man deshalb **das Ziel** genauer beschreiben, auf das man mit seinem Redebeitrag hinarbeiten möchte. Denn ohne das Ziel zu kennen, wird man Lösungsvorschläge gar nicht beurteilen können.

Dritte Stufe der Begründung:

Die konkreten **Maßnahmen**, für die man Unterstützung und Mitarbeit erwartet, wird man also erst in der dritten Stufe der Begründung vorstellen.

Die Planung des Redebeitrags:

Die Planung des Redebeitrags erfolgt dann sinnvollerweise – wie schon beim 3-Schritt-Modell – in dieser Reihenfolge:
- Erster Planungsschritt ist der spätere Schluss des Redebeitrags, der **Zwecksatz**, auf den alles andere zulaufen soll.
- Im zweiten Planungsschritt wird die **Begründung** für diesen Zwecksatz in drei Stufen entwickelt. Die erste Stufe ist eine knappe aber verständliche Darstellung der **Situation**, die einen dazu gebracht hat, mit seinem Anliegen an die Öffentlichkeit zu gehen. Die zweite Stufe muss dann die Beschreibung des **Ziels** sein, das ich mit meinem Redebeitrag anstreben oder unterstützen will. Und in der dritten Stufe folgt dann die Vorstellung der **Maßnahmen** mit denen dieses Ziel erreicht werden kann.
- Der dritte und letzte Planungsschritt ist die Formulierung eines situationsbezogenen **Einstiegs**.

Nun ist dies allerdings nur eine Möglichkeit, einen Redebeitrag in fünf Schritten aufzubauen – wenn auch eine, die speziell in der Betriebsratsarbeit am weitaus häufigsten eingesetzt werden kann. Weitere Varianten sollte man aber kennen. Sie werden gleich noch in Kurzform vorgestellt.

Alles in allem ist die Logik des 5-Schritt-Modells zugegebenermaßen nicht besonders originell – sie liegt eigentlich auf der Hand. Und es gibt ganz sicher etliche »Naturtalente«, die ihre Redebeiträge schon immer so formuliert haben und es laufend tun, ohne auch nur zu ahnen, dass es so etwas wie einen »5-Schritt-Aufbau« überhaupt gibt. Das zeigt, dass es sich dabei um eine wirklich vernünftige und praxisgerechte Art handelt, gut aufgebaute, verständliche Redebeiträge zu »konstruieren«.

Wobei die Betonung auf »gut aufgebaut und verständlich« liegt – denn: Einen Redeaufbau, der immer und unbedingt und bei allen Menschen zum Erfolg führt, gibt es (zum Glück!) natürlich nicht. Die Chancen zur Durchsetzung steigen aber doch spürbar, wenn man sich mit dem Aufbau eines Redebeitrags Mühe gibt.

5-Schritt-Modell – Standard

Es soll sich etwas ändern!

- -

3. Planungs-
schritt:
**situations-
bezogener
Einstieg**

> *Ich sage, was mein
> Thema mit den
> Zuhörenden persönlich
> zu tun hat!*

**Warum
rede ich?**

- -

2. Planungs-
schritt:
Begründung

> *Ich beschreibe, wie
> eine Situation aussieht;
> evtl. auch, wie es dazu
> kommen konnte!*

**Wie ist die
Situation?**

> *Ich beschreibe, was ich
> erreicht sehen will – wie
> eine veränderte,
> verbesserte Situation
> aussehen soll!*

**Was soll
erreicht
werden?**

> *Ich sage, mit welchen
> Maßnahmen meiner
> Meinung nach dieses
> Ziel zu erreichen wäre.*

**Wie kann
das erreicht
werden?**

- -

1. Planungs-
schritt:
Zwecksatz

> *Ich sage, was die
> Zuhörenden persönlich
> tun können, damit das
> angestrebte Ziel
> wirklich erreicht wird!*

**Das will ich
von euch!**

5-Schritt-Modell – Variante 1

Vortragen einer Beschwerde

- -

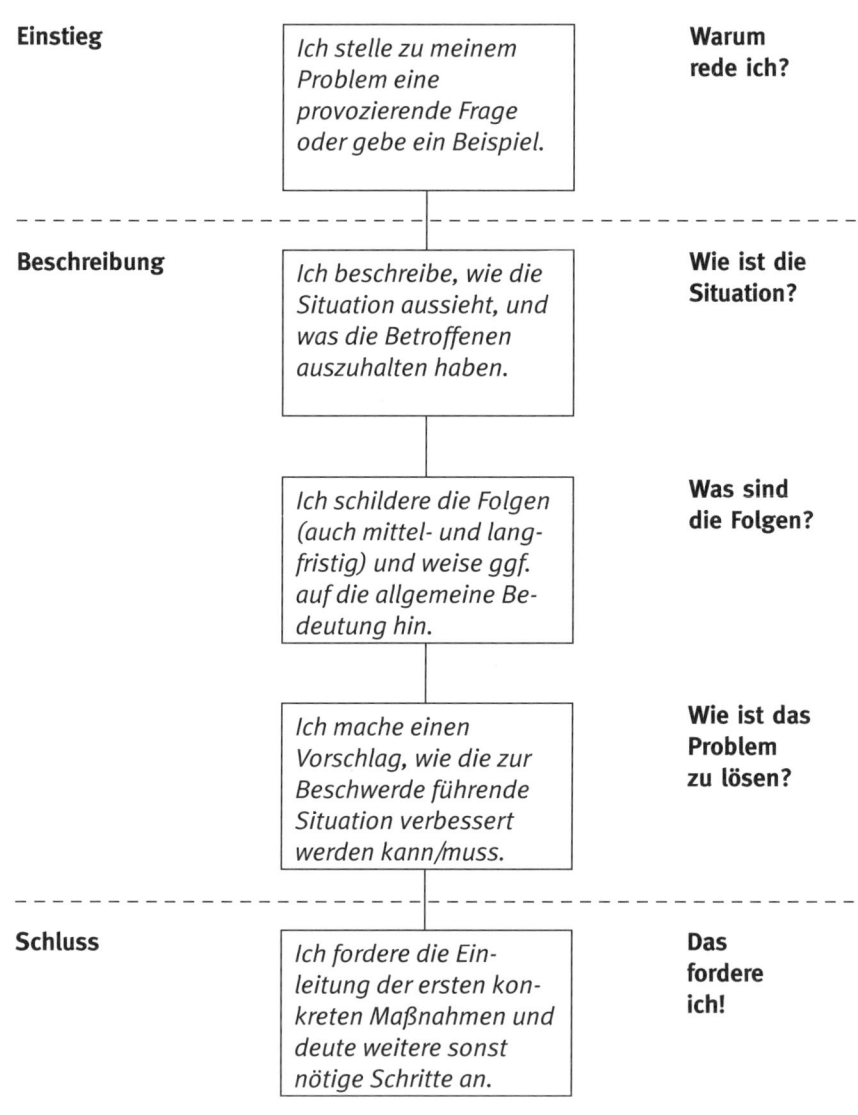

Einstieg

> *Ich stelle zu meinem Problem eine provozierende Frage oder gebe ein Beispiel.*

Warum rede ich?

- -

Beschreibung

> *Ich beschreibe, wie die Situation aussieht, und was die Betroffenen auszuhalten haben.*

Wie ist die Situation?

> *Ich schildere die Folgen (auch mittel- und langfristig) und weise ggf. auf die allgemeine Bedeutung hin.*

Was sind die Folgen?

> *Ich mache einen Vorschlag, wie die zur Beschwerde führende Situation verbessert werden kann/muss.*

Wie ist das Problem zu lösen?

- -

Schluss

> *Ich fordere die Einleitung der ersten konkreten Maßnahmen und deute weitere sonst nötige Schritte an.*

Das fordere ich!

5-Schritt-Modell – Variante 2

Sachvortrag: Darstellung einer Problemlösung

Einstieg

> Ich beschreibe kurz und anschaulich das Problem anhand eines Beispiels.

Warum rede ich?

Beschreibung

> Ich stelle vollständig und sachlich die verschiedenen Aspekte des Problems dar.

IST-Zustand

> Ich beschreibe, wie der von mir angestrebte oder vorgegebene Endzustand aussehen wird.

SOLL-Zustand

> Ich entwickle die verschiedenen Wege, die zur Erreichung des Soll-Zustandes möglich wären.

Welche Maßnahmen sind möglich?

Schluss

> Ich beschreibe die meiner Meinung nach wirkungsvollsten Maßnahmen, die zum Erfolg führen werden.

Das schlage ich vor!

5-Schritt-Modell – Variante 3

Sachvortrag: Vom Allgemeinen zum Besonderen

Einstieg

> *Ich stelle mein Thema vor und begründe kurz, warum ich mich damit beschäftige.*

Je nach Thema lässt sich diese Gliederung auch umkehfen (vom Einzelfall zum Allgemeinen); sie lässt sich in beiden Varianten für die vielfältigsten Themen verwenden; z. B.: Müllproblem im Haushalt, in der Gemeinde und global.

Beschreibung

> *Ich sage, wie sich das zu beschreibende Prob-lem für die Gesamt-situation (z. B. Volks-wirtschaft) auswirkt.*

> *Ich beschreibe die Auswirkungen auf die »nächsttiefere Stufe« – z. B. auf das Unter-nehmen.*

> *Ich beschreibe die Auswirkungen auf die individuelle Situation – z. B. auf den einzelnen Arbeitsplatz.*

Schluss

> *Ich fasse die wichtigs-ten Aussagen zusam-men und nenne die zu diskutierenden Punkte.*

5-Schritt-Modell – Variante 4

Sachvortrag: Zustandsbeschreibung

- -

Einstieg

> *Ich stelle mein Thema vor und begründe kurz, warum ich mich damit beschäftige.*

Auch dieser Aufbau lässt sich beliebig variieren – entscheidend ist nur, dass es sich nicht um über- oder untergeordnete, sondern um gleichrangige Aspekte eines Themas handelt; z. B.: englische, französische, deutsche Interessen; oder: Auswirkungen einer Maßnahme auf Produktion, Versand, Verwaltung.

- -

Beschreibung

> *Ich beschreibe (z. B.), welche juristischen Aspekte das Thema hat.*

> *Ich beschreibe (z. B.) die betriebswirtschaftlichen und/oder finanziellen Aspekte.*

> *Ich stelle (z. B.) die sozialen Auswirkungen dar.*

- -

Schluss

> *Ich fasse die wichtigsten Aussagen zusammen und bewerte sie abschließend.*

Übung 7

Die 5-Schritt-Rede

Ziel	Ausgehend von einem vorgegebenen Zwecksatz die Formulierung von Redebeiträgen im 5-Satz-Aufbau üben.
Material	Arbeitsblätter ab Seite 179 (für mehrfache Verwendung kopieren).
Ablauf	In die offenen Felder der Arbeitsblätter zu den einzelnen Punkten der Gliederung Stichworte eintragen. Dabei zunächst die drei Begründungspunkte, dann den Einstieg bearbeiten. Sind alle Punkte mehr oder weniger ausführlich mit Stichworten versehen: Vortrag im Sprechdenkversuch.

Arbeitsblatt

Sicherheit am Arbeitsplatz

Situations-
bezogener   _____
Einstieg:
Warum rede ich?   _____

_____

_____

Begründung:
Wie ist die   _____
Situation?
_____

_____

_____

Was soll erreicht
werden?   _____

_____

_____

_____

Wie kann das
erreicht werden?   _____

_____

_____

_____

Zwecksatz: *Gesundheitsschutz ist nicht nur ein allgemeines Problem.*
Durch das Tragen von Schutzhelmen und Sicherheits-
schuhen, aber auch durch die strikte Beachtung aller
Sicherheitsrichtlinien können wir alle etwas dazu beitragen!

Arbeitsblatt

Dienstfahrten mit der Bahn

*Situations-
bezogener
Einstieg:*
Warum rede ich?   _____

_____

_____

_____

Begründung:
*Wie ist die
Situation?*   _____

_____

_____

_____

*Was soll erreicht
werden?*   _____

_____

_____

_____

*Wie kann das
erreicht werden?*   _____

_____

_____

_____

Zwecksatz: *Ich weiß, dass das Unbequemlichkeiten und auch mehr
Organisationsaufwand für uns alle bedeutet. Trotzdem:
Die Regelung »Dienstfahrten nur noch mit der Bahn!«
muss durchgesetzt werden – mit eurer Unterstützung!*

Arbeitsblatt

Wir ersticken im Müll

**Situations-
bezogener
Einstieg:**
Warum rede ich?

_____

_____

_____

_____

Begründung:
*Wie ist die
Situation?*

_____

_____

_____

_____

*Was soll erreicht
werden?*

_____

_____

_____

_____

*Wie kann das
erreicht werden?*

_____

_____

_____

_____

Zwecksatz: *Das mindeste, was wir nun wirklich alle tun können, ist
das getrennte Sammeln der verschiedenen Müllsorten –
Glas, Papier und Sondermüll selbstverständlich, möglichst
aber auch den kompostierbaren Müll extra!*

Wirkungsvoll reden

Nachdem auf Seite 129 der erhobene Zeigefinger gezeigt und vor »blendender Rhetorik« gewarnt wurde, könnte man jetzt vielleicht die Stirn runzeln und denken: »Aha, nun kommen sie ja doch noch, die rhetorischen Mätzchen. ›Wirkungsvoll reden‹ – die Wirkung soll doch von der Sache, von den Argumenten kommen und nicht durch irgendwelche Tricks erreicht werden.« Das bleibt auch richtig. Andererseits:

> **Wer leiernd einen vorgefertigten Text abliest, wer ohne Betonung und ohne Pausen spricht, wer Überzeugung nicht zeigen kann, wer nicht alle Möglichkeiten nutzt, sich verständlich zu machen, schadet der Wirksamkeit seiner Argumente!**

Und da mögen die Ausführungen rein sachlich noch so klar und brillant sein, wenn sie bei den Zuhörenden nicht ankommen, dann bleiben sie eben wirkungslos. Das beste Argument kann untergehen, wenn man es nicht mit dem nötigen Nachdruck vorbringt. Ebenso wie der zündend formulierte Appell verpufft, wenn man nicht durch seine Stimme, durch sein ganzes Auftreten zeigt, dass man mit allem, was man hat, hinter dem steht, was man sagt. Es muss deutlich werden, dass es einem auch persönlich etwas bedeutet, ob man sich verständlich macht und durchsetzt oder nicht.

Mit den wichtigsten Voraussetzungen für wirkungsvolles Reden haben sich übrigens schon die bisherigen Übungsabschnitte beschäftigt:
- logischer Aufbau,
- schrittweises Heranführen an das Redeziel,
- klare Formulierung des Anliegens,
- Möglichkeit und Notwendigkeit aufzeigen, selber aktiv zu werden,
- und das alles nach Stichworten frei vorgetragen.

Damit kommt man schon ziemlich weit auf dem Weg zu einem überzeugenden Redebeitrag. Aber es müssen doch noch andere Punkte hinzukommen, die die Verständlichkeit, die Eindringlichkeit und die Wirkung einer Rede noch weiter erhöhen.

> **Das Wichtigste dabei ist, den Menschen das Gefühl zu geben, dass sie direkt angesprochen werden. Und das heißt: Blickkontakt!**

Nur wenn man während seiner Rede die Zuhörenden direkt anschaut (und nicht bloß, wie Tucholsky sagt, »nach jedem viertel Satz misstrauisch hochguckt«), gibt man ihnen das Gefühl, persönlich gemeint zu sein.

Zugegeben, das ist schon rein technisch keine ganz einfache Sache. Es ist vor allem eine Frage des gekonnten Umgangs mit den Stichworten (dazu kommt später noch eine Übung). Wer am Text klebt (was bei einem Stichwortkonzept ja auch passieren kann), kann keinen Blickkontakt halten.

Es ist aber auch eine Nervensache. Man muss das aushalten können, den zuhörenden Menschen direkt in die Augen zu blicken. Und je größer der Kreis ist, vor dem man zu reden hat, umso schwieriger wird das.

Manchmal helfen da Kleinigkeiten: In jedem Publikum gibt es Menschen, die einem mehr oder weniger sympathisch sind. Und man muss ja nicht gerade die angucken, die immer so skeptisch lächeln oder notorisch finster blicken. Man kann und sollte sich vielmehr die Leute heraussuchen, zu denen man leicht (Blick-)Kontakt herstellen kann, um die dann immer mal wieder abwechselnd (!) anzusehen. Peinlich wird es nur, wenn man immer dieselbe Person anschaut oder immer in die gleiche Richtung starrt. Der arme Mensch, der dann (scheinbar) so erbarmungslos ins Visier genommen wird, dürfte auf seinem Stuhl dann immer kleiner und kleiner werden und sich an allem schuldig und für alles verantwortlich fühlen, was man in seiner Rede vorbringt.

Alle im Raum sollten das Gefühl haben können, direkt angesprochen zu sein. Man muss seinen Blick also (langsam!) umher wandern lassen – auch das ist nur eine Übungssache. Besonders wichtig für das Verstanden werden ist aber auch eine lockere, natürliche Gestik.

Das Hervorheben, Beschreiben, Unterstreichen von Worten durch Körper- und Handbewegungen ist keine überflüssige Schauspielerei!

Wer sich einmal selbst beobachtet, stellt das sehr schnell fest: Immer wenn man sich beim Sprechen ganz entspannt und locker fühlt, beim Gespräch am Arbeitsplatz, in der Familie, in der Gruppe oder auch am Kneipentisch, spricht man auch mit den Händen. Nur wenn man aufgeregt, angespannt und verkrampft ist, klammert man sich irgendwo fest, versteckt seine Hände oder spielt mit irgendwelchen Gegenständen herum.

Eigentlich möchten wir also alle »von Natur aus« gestikulieren, wir möchten beim Reden auch mit den Händen, sogar mit dem ganzen Körper arbeiten. Wir sind aber zu verkrampft, zu ängstlich oder unterdrücken die Gestik sogar absichtlich und machen stattdessen irgendwelche anderen Bewegungen: Wir kneten unsere Hände, versuchen vom Rednerpult ein Stück abzubrechen, machen Eselsohren in unsere Aufzeichnungen oder schichten die Blätter ständig neu um, wir knacken mit den Fingergelenken oder knipsen ausdauernd mit dem Kugelschreiber – alles verschenkte, fehlgeleitete (Rede-)Energie.

Am besten kann man sich das tatsächlich so vorstellen, dass man bei jeder Rede eine bestimmte Menge an Energie gebraucht und verbraucht. Ein Teil dieser Energie fließt normalerweise in die Gestik. Lasse ich Gestik nicht zu, unterdrücke ich also meine natürlichen Handbewegungen, dann sucht sich diese Energie einen anderen Ausweg. Sehr oft – und dann wird es besonders problematisch – geht diese Energie direkt in mein Sprechen ein: Ich spreche dann zu schnell oder gleichbleibend zu laut. Deshalb:

> **Gestik hilft dabei, langsamer und betonter zu sprechen! Und sie führt dazu, dass man insgesamt entspannter ist (man kann nicht gleichzeitig seine Hände und Arme bewegen und verkrampft sein)!**

Gestik soll aber auf keinen Fall – womöglich vor dem Spiegel – eingeübt werden. Es geht nicht etwa darum, an einer bestimmten Stelle eine besonders »dramatische« Handbewegung zu machen. Es genügt, dass man alles unterlässt, was eine natürliche Gestik behindert. Weder sollte man sich irgendwo festhalten, noch seine Hände hinter dem Rücken verstecken, die Arme auf der Brust verschränken oder sich – wenn man im Sitzen spricht – vielleicht sogar auf die Hände setzen.

> **Wenn man Arme und Hände bewusst frei und unverkrampft hält entsteht eine lockere und natürliche Gestik ganz von allein, ohne dass man sich darauf konzentrieren müsste!**

Übung 8

Im Eisenbahnabteil

Ziel	Ausdrucksmöglichkeiten der Stimme austesten. Die Scheu überwinden, durch die Stimme auch Gefühle offenzulegen. Diese Übung kann nur zu zweit durchgeführt werden (arbeitet man normalerweise allein, sucht man sich nur für diese Übung jemanden zum Mittun).
Ablauf	Man muss sich folgende Situation vorstellen: Ich fahre mit dem Zug und habe einen Fensterplatz ergattert. Nachdem ich kurz einmal im Speisewagen war, finde ich diesen Platz bei meiner Rückkehr in das Abteil besetzt, obwohl ich meinen Mantel extra dort hingehängt hatte. Jetzt werden die Rollen verteilt. Rolle 1: Die Person, die aus dem Speisewagen zurückkommt und um jeden Preis den angestammten Platz zurückerobern will. Rolle 2: Die Person, die sicher und behäbig auf dem Platz sitzt und auf keinen Fall aufstehen will. Die Person, die aus dem Speisewagen zurückkommt, stellt sich vor die andere hin und sagt sinngemäß: *»Entschuldigen Sie, aber das ist mein Platz. Sie müssen doch gesehen haben, dass da mein Mantel hängt. Seien bitte Sie so freundlich und lassen Sie mich dort wieder sitzen!«* Die sitzende Person antwortet: *»Nein! Jetzt sitze ich hier. Sie können sich ja einen anderen Platz suchen!«* Daraufhin sagt Person 1, schon etwas lauter und energischer: *»Stehen Sie auf und lassen Sie mich dort sitzen!«* Person 2 erwidert: *»Nein, ich bleibe hier sitzen!«* Dieses Hin und Her wird jetzt mehrfach wiederholt, wobei beide Personen von Mal zu Mal immer lauter und nachdrücklicher sprechen, bis sie sich schließlich gegenseitig richtig anbrüllen! Dabei soll nicht argumentiert werden (etwa: *»Lassen Sie mich doch bitte sitzen, Sie sehen doch, dass ich hochschwanger bin!«*). Und es soll immer das Gleiche gesagt werden (*»Stehen Sie auf und machen Sie den Platz frei!«* – *»Nein, ich bleibe hier sitzen!«*). Die Steigerung liegt nur in der Lautstärke, mit der diese Sätze wiederholt werden! Dann folgt das Gleiche noch einmal mit vertauschten Rollen.

Anmerkung zu Übung 8

Wenn man diese Übung einige Male wiederholt, kann man damit gerne etwas experimentieren. So kann man zum Beispiel statt durch Lautstärke auch einmal versuchen, durch verschiedene Betonungen steigende Wirkung zu erzielen – bewusst leise, aber mit großem Nachdruck, bittend oder schmeichelnd.

Aber immer kommt es darauf an, dass man im normalen Tonfall beginnt und sich steigert, soweit das irgend möglich ist. Es geht darum, persönliche Hemmschwellen herauszufinden und sie zu **überschreiten**!

Auch der Rollentausch ist durchaus hilfreich, denn es macht einen großen Unterschied, ob man steht und sein Recht einfordert, oder ob man sitzt und sich nicht bewegen will. Interessanterweise sind die Reaktionen und Gefühle auch ganz unterschiedlich – einigen fällt es leichter »von oben herab« zu brüllen, andere fühlen sich wohler und sicherer, wenn sie sitzen.

Übung 9

Die Stimme als Handwerkszeug

Ziel	Wie bei Übung 8.
Material	Beispielsätze auf Seite 190.
Ablauf	Jeweils einen der Beispielsätze ins Gedächtnis einprägen; dabei kommt es nicht auf den genauen Wortlaut, sondern nur auf den Sinn an. Den Beispielsatz jetzt aus dem Gedächtnis laut wiederholen. Dabei versuchen, jedes Mal einen anderen Ausdruck in die Stimme zu legen: – laut und leidenschaftlich; – leise aber sehr nachdrücklich (mit starker Körperanspannung und viel Krafteinsatz); – mehr locker und nebenbei. Diese Sprechübung muss oft wiederholt werden, weil man anfangs viel Zeit braucht, sich erst einmal locker zu reden. Auch hier sollen Hemmungen – zum Beispiel richtig laut zu reden – überwunden werden! Tonaufzeichnung, um festzustellen, was am besten wirkt und ob man vielleicht auch übertrieben hat. Fortsetzen mit dem nächsten Beispielsatz. Auch wenn man grundsätzlich zu zweit oder in einer Gruppe arbeitet, sollte man diese Übung erst einmal allein für sich machen; das hilft, Hemmschwellen zu überwinden.

Übung 10

Mit den Händen reden

Ziel	Erleben, dass Gestik sehr nützlich ist, um etwas zusätzlich zu beschreiben und deutlich zu machen.
Material	Beispielsätze auf Seite 190.
Ablauf	Das Blatt mit den Beispielsätzen vor sich auf den Tisch legen und sich den ersten Satz einprägen. Darauf achten, dass die Hände ganz frei sind: Die Ellenbogen nicht auf den Tisch stützen; die Hände »schweben« vor dem Oberkörper; keine Faust ballen, die Hände offen halten. Jetzt den ersten Beispielsatz mit Nachdruck und Betonung (!) aussprechen und versuchen, das, was ausgesagt werden soll, durch entsprechende Handbewegungen zu unterstreichen. Dabei aber nicht mehr auf das Papier, sondern geradeaus (am besten aus dem Fenster) sehen. Mehrfach wiederholen, verschiedene Gesten ausprobieren, dann den nächsten Beispielsatz vornehmen.

Übung 11

Wirkungsvoll reden

Ziel	Versuch, das in den Übungen 8 bis 10 trainierte an einem zusammenhängenden Redebeitrag auszuprobieren.
Material	Alte Notizen zu 3- oder 5-Schritt-Redebeiträgen.
Ablauf	Die Notizen zu einem Redebeitrag noch einmal durchlesen. Notizen vor sich auf den Tisch legen – Hände frei halten (wie bei Übung 10). Die ersten Stichworte ansehen, aufnehmen, dann hochsehen – möglichst aus dem Fenster – und frei formulieren (nicht nur in Gedanken, sondern richtig laut sprechen). Ist der erste Gedanke beendet, wieder auf den Stichwortzettel sehen, die nächsten Stichworte erfassen, wieder hochsehen, frei formulieren usw. Auf den Wechsel von Erfassen der Stichworte und freiem Formulieren achten. Dieser Wechsel ermöglicht es, sowohl den Überblick über die Stichworte zu behalten, wie auch den Blickkontakt zu den Zuhörern aufzunehmen. Natürlich besonders wichtig: Die Hände nicht daran hindern, zu gestikulieren, wichtige Aussagen und vor allem den Zwecksatz entsprechend betonen. Tonaufzeichnung zur Kontrolle. Diese Übung sollte wiederholt werden.

Beispielsätze zur Übung 9

Jeder von uns kennt dieses Problem, aber niemand hat den Mut, es auch anzupacken!

Genau an diesem Punkt müssen wir ansetzen, wenn wir etwas erreichen wollen!

Ich meine, es ist eine große Ungerechtigkeit, dass immer dieselben diese Suppe auslöffeln müssen!

Beispielsätze zur Übung 10

Nur wenn wir uns alle einig sind, werden wir uns durchsetzen!

Zusammenhalten und kämpfen, das ist das einzige, was wir jetzt noch tun können!

Wir wollen uns doch klarmachen, dass die eigentlich Verantwortlichen dort zu suchen sind!

Reden mit Powerpoint & Co.

In Managementkreisen (und dort wo man sich dafür hält) geht es scheinbar nicht mehr »ohne« – nämlich ohne eine »Präsentation« mit Laptop, Beamer und Projektionswand. Ob »Meeting«, Projektgruppensitzung oder Schulung – wer zusammenhängend mehr als drei Sätze sagen soll, wird heutzutage mit diesem »Equipment« anrücken. Kein Wunder, dass auch immer mehr Betriebsräte da mithalten wollen und ebenfalls mit Powerpoint oder ähnlichen Programmen Präsentationen für Betriebsversammlungen und manchmal sogar Betriebsratssitzungen basteln.

Dagegen ist im Grundsatz auch nichts einzuwenden. Im Gegenteil: Der Betriebsrat soll durchaus zeigen, dass er auch technisch immer auf der Höhe der Zeit ist. Aber wenn er es denn macht, dann sollte er doch zumindest die verbreitetsten Auswüchse und schlimmsten Fehler vermeiden.

Die allerdings wollen zunächst einmal erkannt werden. Und dabei hilft eine zentrale Einsicht:

> **Immer ist es der Mensch, der überzeugt, und nicht die Technik, mag sie auch noch so raffiniert eingesetzt werden!**

Das heißt in der Konsequenz:

> **Präsentationstechnik muss immer so eingesetzt werden, dass sie den redenden Menschen nicht etwa aus der Wahrnehmung der Zuhörenden verdrängt!**

Und das passiert schneller als man vielleicht meint. Das liegt zunächst daran, dass bei Präsentationen die angestrahlte Projektionsfläche der hellste Fleck im Raum ist, der Redner steht buchstäblich im Schatten – besonders naturlich dann, wenn der Raum zusätzlich leicht abgedunkelt ist. Verstärkt wir dieser Effekt oft noch dadurch, dass die Projektionsfläche in der Mitte der Zuschauerblickrichtung platziert ist. Der Redner steht dann also nicht nur im Schatten, sondern auch noch am Rand. Daraus kann man zwei Erkenntnisse ableiten:

- Eine Präsentation sollte eine Rede nicht durchgehend begleiten, sondern nur punktuell eingesetzt werden (und nur dann, wenn es wirklich nötig ist – dazu gleich noch mehr). Natürlich darf man nicht ständig zwischen Rede und Präsentation »springen« (Beamer an, Beamer aus). Aber sinnvoll kann es sein, wenn es im Verlauf einer Rede (zum Beispiel eines Tätigkeitsberichts auf der Betriebsversammlung) mehrere Präsentationsblöcke gibt oder auch einen etwas längeren.

- Der Redner (das Rednerpult) muss im Zentrum stehen, die Projektionsfläche deutlich erkennbar am Rand.

Viel schlimmer aber ist, dass bei den meisten Präsentationen der Redner nur das wiederholt (manchmal sogar wörtlich abliest), was gerade an die Wand projiziert wird. Manchmal ist es die komplette Gliederung eines Vortrags, häufiger noch sind es zentrale Stichworte und Aussagen, die mehr oder weniger raffiniert eingeblendet, überblendet oder sonstwie »animiert« werden. Besonders beliebt sind jedoch lange »Punktelisten«, die der Redner dann wacker abarbeitet.

Dieses Vorgehen verkennt, dass (erstens) das Lesen längerer projizierter Texte eine ziemlich mühselige Angelegenheit ist, und dass (zweitens) diese Mühsal des Lesens dazu führt, den Redner – der die projizierten Informationen ja zusätzlich noch mehr oder weniger wörtlich vorträgt – fast komplett aus der Wahrnehmung des Publikums zu verdrängen.

Das, was man in seiner Rede sagt, muss und darf nicht noch einmal in der Präsentation wiederholt werden!

Das würde nur dazu führen, die Aufmerksamkeit des Publikums vom Redner abzuziehen. Und es zieht auch umgekehrt die Aufmerksamkeit des Redners von seinem Publikum ab. Er muss sich ja viel zu sehr darauf konzentrieren, rechtzeitig den nächsten Text oder das nächste Schaubild abzurufen (von anderen technischen Pannen mal ganz abgesehen), als dass noch genügend Energie übrig bliebe, den Kontakt zum Publikum aufrechtzuerhalten. Auch hier lassen sich wieder praktische Konsequenzen ziehen:

- Der mündliche Vortrag und das Präsentieren optisch aufbereiteter Informationen sollten streng getrennt sein. Und das heißt:
- Eine Präsentation sollte nur dann eingesetzt werden, wenn es wirklich sinnvoller (oder sogar unumgänglich) ist, eine Information in optischer Form dazustellen.

Man kann es auch so sagen:

Im Rahmen von Rede und Vortrag sollte die Präsentation mit PC, Beamer und Projektion immer nur die (gut begründete) Ausnahme sein!

Solche Ausnahmen gibt es auch durchaus – und nicht einmal so selten:

- Vorstellung von Fotografien, technischen Zeichnungen oder ähnlichen optischen Informationen; das neue Fabrikgebäude mit Grundriss, das Funktionsschema einer neuen Maschine, die Porträts der neu gewählten Betriebsratsmitglieder – all das kann sinnvoll ja gar nicht anders präsentiert werden als durch eine Projektion;
- Grafiken, wie zum Beispiel Ablaufdarstellungen oder vor allem auch Darstellungen wirtschaftlicher Fakten in Form von Kurven, Torten oder sonstigen Geschäftsgrafiken.

Und manchmal (!) kann es vielleicht (!) auch noch sinnvoll sein, bei der Darstellung eines besonders komplizierten Sachverhalts (etwa einer neu abgeschlossenen Betriebsvereinbarung), die zentralen Fakten, Aussagen oder Ergebnisse groß und plakativ in mehreren Schritten (immer nur eine Aussage zur Zeit) an die Wand zu werfen.

> **Wenn man eine solche punktuelle Präsentation macht, dann muss man auch dafür sorgen, dass die präsentierte Information gut zu erkennen ist!**

Nichts macht den Erfolg eines Vortrags gründlicher zunichte als eine eingebaute Präsentation, die für die Zuschauenden nicht wirklich gut zu erkennen ist – bis in die allerletzte Reihe. Und gerade bei Betriebsversammlungen sind die räumlichen Verhältnisse für eine Präsentation nicht immer optimal – sei es, dass der Raum zu groß (oder zu lang und schmal) ist, sei es, dass Säulen im Wege stehen, sei es, dass es an einer gut reflektierenden und ausreichend dimensionierten Projektionsfläche fehlt.

Ausgesprochen nervig (und aufmerksamkeitszerstörend!) ist es auch, wenn der Raum ganz oder halb abgedunkelt sein muss, damit man die projizierten Informationen überhaupt erkennen kann. Deshalb:

- Jedes Detail, jedes Wort muss von jedem Platz aus problemlos erkannt werden können. Schriften müssen groß und klar genug, Zeichnungen dürfen nicht zu kleinteilig und Fotos müssen kräftig und kontrastreich sein.
- Die optische Information (das Foto, die Zeichnung, vielleicht auch mal ein kurzer Text) muss ganz im Mittelpunkt der Präsentation stehen. Titel, Rahmen, Slogans oder Logos sind unnötiges Beiwerk und lenken nur von der eigentlichen Information ab. Die gesamte Präsentationsfläche gehört der Information. Das bedeutet auch, dass die mit jedem Präsentationsprogramm mitgelieferten Vorlagen im Grunde nicht gebraucht werden.

- Die komplette Präsentationstechnik muss sorgfältig und vor Ort getestet werden: Ist der Beamer lichtstark genug? Wie groß und an welche Stelle muss projiziert werden, damit wirklich von jedem Platz aus gute Sicht besteht? Und wenn dabei keine zufriedenstellenden Ergebnisse zu erreichen sind, dann richtet der Verzicht auf eine Präsentation ganz sicher den geringeren Schaden an.

»Liebe Kolleginnen und Kollegen . . .«

So fängt es immer an. Auch wenn man sich einen schönen situationsbezogenen Einstieg überlegt hat, am Anfang steht erst einmal die Anrede. Und die bereitet doch manchmal Kopfzerbrechen. Seriös soll sie sein, niemanden kränken, alle ansprechen . . . Das Beste wird sein, man geht pragmatisch vor. Und das heißt:

> **Die Anrede immer so einfach halten wie möglich!**

Für einen Betriebsrat ist die Anrede »Liebe Kolleginnen und Kollegen!« eigentlich immer richtig, sicherheitshalber noch ergänzt durch ein »Meine Damen und Herren!« Klingt ziemlich steif, aber man ist damit auf der sicheren Seite. Und auf jeden Fall ist eine solche einfache und schmucklose Anrede besser als eine endlose Namensaufzählung oder auch eine verkrampft witzige Anrede.

Und Frauen drehen das Ganze einfach um: »Liebe Kollegen und Kolleginnen! Meine Herren und Damen!«

Spricht man vor einem kleinen Kreis, dann kann es natürlich sein, dass die in der Standardanrede enthaltene Mehrzahl der »Kolleginnen und Kollegen« gar nicht da ist – dann kann die Anrede auch lauten: »Liebe Anneliese, liebe Kollegen!«

Was man aber auf keinen Fall machen sollte, ist dies: »Verehrte Anwesende!« Etwas persönlicher darf es doch sein. Unnötig sind auch irgendwelche nichtssagenden Standardfloskeln wie zum Beispiel: «Ich freue mich, dass Sie so zahlreich erschienen sind!«

Hat man es mit einer größeren Veranstaltung zu tun, auf der auch mehr oder weniger bedeutende Gäste oder gar Ehrengästen abwesend sind, dann sollten diese gesondert begrüßt werden. Aber natürlich nur einmal und von demjenigen, der die Veranstaltung eröffnet. Auf einer Betriebsversammlung beispielsweise kann man das folgendermaßen halten:

Mit »Liebe Kolleginnen und Kollegen, meine Damen und Herren!« macht man – wie gesagt – schon mal nichts verkehrt. Man kann sich aussuchen, ob man lieber »Kollegin« oder lieber »Dame« sein möchte – niemand kann gekränkt sein.

Und die Begrüßung von Gästen? Soll die »sehr geehrte Geschäftsleitung« gleich mit begrüßt werden? Besser ist ein Aus- oder Umweg:

Erst kommt die allgemeine Begrüßung und dann – extra – die Begrüßung der Gäste. Das klingt dann zum Beispiel so: »Liebe Kollegen und Kolleginnen, meine Herren und Damen. Die vierte Betriebsversammlung in diesem Jahr ist eröffnet. Wir haben auch bei dieser Betriebsversammlung wieder Gäste. Für die Geschäftsleitung sind gekommen ... *(Namen und Funktionen)...* und auch die Kollegin ... *(Name)* von ... *(Gewerkschaft)...* wird uns wieder zur Seite stehen.« Da kann sich niemand beschweren und man hat eine allzu verschachtelte Anrede (und dieses schreckliche »Sehr geehrte ...«) elegant vermieden.

Und wenn es auf einer wirklich großen Veranstaltung mal ganz korrekt und formvollendet zugehen soll bei der Begrüßung, dann kann man sich an folgenden Faustregeln orientieren:

- Zuerst wird das Publikum, der große Kreis angesprochen, denn um die geht es ja in erster Linie, sie sind die Hauptpersonen (also etwa auf einer Gewerkschaftstagung erst »die Kolleginnen und Kollegen« begrüßen).
- Danach folgen dann die (Ehren-)Gäste in der Reihenfolge der üblichen Hackordnung (Konzern, Unternehmen, Betrieb, Abteilung ... Bund, Land, Kreis, Gemeinde ...).

Gibt es auf der gleichen Hierarchiestufe mehrere Gäste, dann gelten folgende Regeln:

- gewählte politische »Würdenträger(innen)« kommen vor Angestellten oder Beamten (etwa die Stadtverordnete vor dem Arbeitsamtsleiter);
- kirchliche Abgesandte kommen vor »weltlichen« (also der Pastor vor der DGB-Kreisvorsitzenden);
- erworbene Titel vor verliehenen Titeln (der richtige Professor vor dem Professor, der seinen Titel nur als Ehrung bekommen hat).

Aber noch einmal: Die Anrede sollte immer so schlicht wie möglich gehalten werden. Je mehr Gedanken man sich über den guten Ton und das »Protokoll« macht, um so eher wird man in ein Fettnäpfchen treten. Hat man hingegen nur »die Damen und Herren« begrüßt, kann sich eigentlich niemand wirklich gekränkt fühlen. Wenn man aber einige »Ehrengäste« hervorgehoben hat, kann man darauf wetten, dass es ein paar Leute im Saale gibt, die tödlich beleidigt sind, weil **sie** nicht extra begrüßt wurden ...

Vorbereitung auf eine größere Rede

Bis hierher ging es vor allem um das Üben kürzerer Redebeiträge – etwa im Rahmen einer Betriebsratssitzung oder bei einer Diskussion auf einer Betriebsversammlung. Dabei ist »kurz« hier im doppelten Sinn gemeint: kurz die Vorbereitungszeit, kurz auch die Dauer des Redebeitrags selber.

Wenn es jetzt um die »größere« Rede gehen soll, dann ist damit entweder die ausführlichere Behandlung eines Themas oder auch der besonders wichtige, entscheidende Redebeitrag gemeint, auf den man sich überdurchschnittlich sorgfältig vorbereiten will. Über die zeitliche Dauer ist mit dem Wort »größer« also gar nichts ausgesagt. Auch ein Redebeitrag von nur zwei oder drei Minuten Länge muss unter Umständen intensiv und mit einigem Zeitaufwand vorbereitet werden, wenn entsprechend viel von seinem Gelingen abhängt.

Jede zeitlich darüber hinaus gehende Rede bedarf ohnehin einer sorgfältigen Vorbereitung. Denn bei jeder Rede, die über zwei, drei Minuten hinausgeht, genügen ein paar schnell hingeworfene Stichwort nicht mehr (besonders dann nicht, wenn im Ernstfall die Redeangst hinzu kommt). Entsprechend sorgfältig müssen Gedanken, Informationen und Argumente ausgewählt, sortiert und in Stichworte umgesetzt werden, um jedenfalls von der Vorbereitung her jedes Risiko auszuschalten.

Wobei im Folgenden davon ausgegangen werden soll, dass man als Betriebsratsmitglied wohl nahezu immer nur dann das Wort ergreifen wird, wenn es um ein Thema geht, in dem man sich auskennt. »Auftragsreden« über ein Thema, in das man sich erst völlig neu einarbeiten müsste (etwa durch das Lesen von Fachliteratur), sind im Alltag eines Betriebsrats die so seltene Ausnahme, dass wir sie hier getrost außer Acht lassen können.

Ansonsten kann natürlich auf vielem aufgebaut werden, was bisher schon erläutert und trainiert wurde. Vor allem die Hinweise zum wirkungsvollen Reden ab Seite 182 gelten ganz besonders auch für die längere Rede.

Jetzt aber zum Verfahren: Die meisten Menschen gehen an die Vorbereitung einer Rede heran, indem sie das, was sie sagen wollen (oder was ihnen gerade zum Thema einfällt), wie einen Schulaufsatz niederschreiben.

Das engt allerdings sehr stark ein: Man legt sich auf ganz bestimmte Formulierungen fest und ist darauf angewiesen, dass einem bei dieser Vorbereitung an der richtigen Stelle auch immer das Richtige einfällt (was meist nicht so ist). Kommt einem dann, wie das eigentlich immer der Fall ist, etwas später noch ein guter Gedanke zu dem, was man bereits fertig geschrieben hat, dann muss das nachträglich eingefügt werden. Und das wiederum bedeutet, dass sich an anderen Stellen des Textes ebenfalls etwas ändern muss. So ein Redekonzept muss deshalb mehrfach um- und teilweise auch neu geschrieben werden – oder (was häufiger passiert) man scheut diesen Aufwand, lässt es bleiben und nimmt mit der schlechteren Lösung vorlieb ...

Deshalb soll hier nun ein Vorbereitungsverfahren vorgeschlagen werden, das auf den ersten Blick zwar sehr aufwändig und kompliziert aussieht, in der Praxis aber eine Menge Arbeit erspart und zu besseren Redekonzepten führt. Die entscheidende Grundidee dieses Verfahrens ist diese:

> **Man darf sich nicht zu früh auf eine bestimmte Reihenfolge der einzelnen Gedanken festlegen! Stattdessen trägt man zunächst alles zusammen, was man zu dem Thema seiner Rede bereits im Kopf hat!**

Dieses Verfahren nennt man mit dem Fachausdruck »Brainstorming«. Und so kann man sich das auch plastisch vorstellen: Man lässt einen frischen Wind durch seinen Kopf wehen, der alles, was zu dem Thema dort drinsteckt, herausweht – und das ist oft mehr als man selber vermutet hätte.

> **Dabei kommt es zunächst nicht darauf an, eine bestimmte Ordnung einzuhalten – alles, was einem spontan einfällt, wird unsortiert erst einmal aufgeschrieben!**

Um diese einzelnen Gedankensplitter so beweglich wie möglich zu halten, darf man sie aber nicht auf einem Notizblock notieren und schon gar nicht in einer Textdatei auf dem PC-Bildschirm. Hier ist also noch Handarbeit angesagt. Konkret:

Man fertigt sich einen tüchtigen Stapel kleiner Zettel an (je nach Umfang des Themas 20, 30 oder mehr). Dafür faltet man am besten normales Kopierpapier (DIN A4) einmal in der Mitte, teilt es mit einem scharfen Messer, faltet die so entstandenen Zettel noch einmal, schneidet sie auf und halbiert sie dann auf gleiche Weise ein drittes Mal. Heraus kommen dann Zettel der Größe 10,5 x 7,5 cm, was die ideale Größe für jeweils ein paar Stichworte ist (wären die Zettel größer, wäre man versucht, doch wieder »richtige« Texte aufzuschreiben).

> **Auf diese Zettel wird dann – in Stichworten! – alles aufgeschrieben, was einem zum aktuellen Redethema einfällt! Immer nur einen Gedanken auf einen Zettel! Ist alles aufgeschrieben, werden die Gedankenzettel sortiert!**

Bei diesem Sortieren geht man dann natürlich von dem schon bekannten 5-Schritt-Aufbau aus. Außerdem muss man sich aber auch wieder genau an die Reihenfolge der Planungsschritte halten:

- Zunächst legt man all die Gedankenzettel in einer Reihe untereinander auf einen Tisch, die brauchbare Stichworte für den **Zwecksatz** enthalten.
- Dann sucht man alle Gedankenzettel mit Stichworten zur **Situationsbeschreibung** heraus und legt auch diese in eine Gruppe.
- Daneben kommt dann die Zettelreihe für die **Zielbeschreibung**.
- Als letztes folgen dann alle Zettel, die Vorschläge möglicher **Maßnahmen** enthalten.

Und so wird das Ganze dann etwa aussehen, wenn es auf dem Tisch liegt:

Situations- beschreibung	Ziel- beschreibung	Maßnahmen- vorschläge	Zwecksatz

In Wirklichkeit werden es bestimmt mehr Zettel sein, die man vor sich liegen hat, hier geht es nur ums Prinzip!

Zum vollständigen 5-Satz-Aufbau fehlt ganz links noch eine Zettelreihe und zwar die zum »situationsbezogenen Einstieg«. Das hat seinen Grund: Denn erstens fallen einem Stichworte für einen guten Einstieg spontan eher selten ein, zweitens ist es einfach sinnvoller, erst dann gezielt nach guten Einstiegsideen zu suchen, wenn die Rede selber in ihrem Grundkonzept steht.

Zunächst geht es also nur mit den vier Hauptteilen des 5-Schritt-Aufbaus weiter:

> **Man legt fest, welche Reihenfolge der Gedankenzettel die sinnvollste sein könnte! Dafür geht man Reihe für Reihe durch und sortiert die Zettel entsprechend um!**

Dabei hat sich der Grundsatz bewährt, die Gedanken, von denen man annehmen kann, dass sie den Zuhörern bereits einigermaßen bekannt sind, zunächst abzuhandeln und dann erst die neueren Argumente oder Ideen zu bringen.

Bei diesem Prozess wird man rasch feststellen, dass die Ideen, die einem auf Anhieb und spontan eingefallen sind, nicht ausreichen. Auch wird es meist so sein, dass man zu einem Punkt (in der Regel zur Situationsbeschreibung) sehr viele Zettel hat, zu anderen Punkten (in der Regel Zielbeschreibung und Zwecksatz) deutlich weniger oder auch gar keine. Jetzt muss nun also gezielt nach weiteren Gedanken gesucht werden, um sie auf Gedankenzettel zu notieren. Vielleicht wird es auch nötig sein, in einer Fachzeitschrift, in Büchern oder anderem Informationsmaterial nachzuschauen, ob man dort noch Verwertbares finden kann.

In jedem Fall muss aber alles immer auf Gedankenzetteln festgehalten und in der entsprechenden Reihe einsortiert werden. Der große Vorteil dieser Methode: Man kann immer noch und immer wieder die einzelnen Gedanken umstellen und unbegrenzt oft ausprobieren, welche Reihenfolge die günstigste ist. Und man kann jederzeit und problemlos Ergänzungen vornehmen.

> **Hat man sich auf diese Art langsam an die vollständige Zusammenstellung aller wichtigen Redeinhalte herangearbeitet, kann man – immer noch anhand der sortierten, auf dem Tisch ausliegenden Zettelreihen – einen ersten Sprechdenkversuch machen!**

Man probiert also erst mal aus, ob man es bereits schaffen kann, anhand der gesammelten Gedankensplitter einigermaßen zusammenhängend so etwas wie eine Rede zustande zu bringen. Bei diesem Sprechdenkversuch hält man sich genau an das in Übung 11 auf Seite 189 beschriebene Verfahren.

Dabei wird man allerdings mit ziemlicher Sicherheit feststellen, dass man an verschiedenen Stellen noch ins Stocken kommt, dass man, um einen Übergang von einem zum nächsten Gedanken flüssig zu schaffen, doch noch weitere Hilfen braucht. Und manchmal merkt man erst bei diesem Sprechdenkversuch, dass die ursprünglich festgelegte Reihenfolge doch noch nicht die optimale ist.

Man wird also weitere Gedankenzettel mit Stichworten einfügen und vielleicht auch die Reihenfolge der Gedankenzettel noch einmal verändern müssen. Dieses ständig mit relativ geringem Arbeitsaufwand tun zu können, ist ja der Vorteil dieser zunächst so aufwändig erscheinenden Methode!

Und ganz am Schluss macht man sich dann Gedanken, welchen situationsbezogenen Einstieg man bringen will und schreibt auch dafür Stichworte auf!

Damit hat man alle wichtigen Bestandteile seiner Rede in der richtigen Reihenfolge beisammen und muss als letzten Schritt jetzt »nur« noch das eigentliche Stichwortkonzept erstellen – schließlich kann man ja nicht mit einem Haufen loser Zettel das Rednerpult betreten ... Vorher aber noch eine Anmerkung zur Gedankenzettelmethode:

Die enormen Vorteile der 5-Schritt-Zettel-Methode stellen sich erst bei ihrer praktischen Anwendung heraus. Man sollte sich also durch das scheinbar so komplizierte Verfahren nicht abschrecken lassen. Wendet man dieses Verfahren erstmals übungshalber oder auch für den Ernstfall an, fährt man am besten, wenn man dabei die folgende Auflistung der einzelnen Arbeitsschritte und das Schema der 5-Schritt-Rede vor sich liegen hat und ganz genau jeden einzelnen Arbeitsschritt nacheinander vollzieht und abhakt.

Die Vorbereitung einer längeren Rede

1. Schritt Brainstorming – alles, was zum Thema gehören könnte, auf kleine Zettel schreiben (jeweils nur einen Gedanken auf einen Zettel).

2. Schritt Diese Zettel dem 5-Schritt-Aufbau entsprechend sortieren – alle Gedanken, die zum Zwecksatz gehören, untereinander legen, alle die zur Situationsbeschreibung gehören untereinander und so weiter ...

3. Schritt Bei jedem Gliederungspunkt, bei jeder Zettelreihe also, überlegen, in welcher Reihenfolge die notierten Gedanken am besten vorgetragen werden könnten – die Zettel entsprechend hinlegen.

4. Schritt Überlegen, zu welchem Teil der 5-Schritt-Rede noch Ergänzungen notwendig sind; vielleicht aus Zeitschriften oder anderem Material zusätzliche Informationen sammeln – neue Gedankenzettel anlegen und einsortieren.

5. Schritt Erster Sprechdenkversuch: Ist es schon zu schaffen, aus den bisher zusammengestellten Gedankenzetteln eine Rede zu formulieren? Dabei auch auf die Zeit achten – wenn nötig: kürzen!

6. Schritt Immer, wenn man ins Stocken kommt, einen zusätzlichen Zettel mit dem fehlenden Stichwort schreiben und einsortieren.

Der 5. und 6. Schritt müssen so oft wiederholt werden, bis man das Gefühl hat, anhand der Gedankenzettel eine flüssige, zusammenhängende Rede formulieren zu können!

Das Stichwortkonzept

Beim Übertragen der Stichworte von den Gedankenzetteln auf das eigentliche Stichwortkonzept ist zweierlei zu berücksichtigen – zum einen die Frage, wie viele Stichworte überhaupt gebraucht werden, zum anderen, wie diese Stichworte so angeordnet werden können, dass man auf keinen Fall den Überblick verliert. Für die erste Frage kommt es darauf an,

- für sich selbst herauszufinden, wie viele Hilfen man braucht, um sicherzugehen, dass einem einerseits alles das, was man sagen will, in der konkreten Redesituation auch tatsächlich wieder einfällt, andererseits, dass man
- mit seinen Stichworten so sparsam umgeht, dass freies Sprechen noch möglich ist.

Dafür gibt es leider kein Patentrezept. Die eine braucht nur sehr wenige einzelne Worte, der andere benötigt ausformulierte Satzanfänge oder Satzteile. Deshalb soll man es auch zunächst mit nur wenigen Stichworten versuchen und diese dann im Zuge wiederholter Sprechdenkversuche ergänzen, so lange bis ein flüssiger aber doch freier Vortrag erreicht ist.

Dabei kann der Bedarf an Stichworten sogar innerhalb eines (längeren) Redebeitrags durchaus unterschiedlich ausfallen. Für Aussagen, die einem sehr geläufig sind, weil man täglich mit ihnen umgeht, genügt vielleicht ein einziges Wort. Gedanken und Informationen hingegen, die noch verhältnismäßig neu und ungewohnt sind, brauchen viel mehr auslösende Stichworte, um in die Erinnerung zurückzukommen.

Wie immer sich das aber verhalten mag, in keinem Fall hat die Menge der benötigten Stichworte und Satzfetzen etwas mit der Qualität einer Rede zu tun. Nur weil man vielleicht weniger Stichworte braucht als andere, redet man nicht besser und nicht schlechter als sie.

Man sollte sich also unbedingt vor dem (falschen) Ehrgeiz hüten, mit so wenig Stichworten wie möglich auskommen zu wollen!

Mindestens ebenso wichtig ist es, sich nicht in bestimmte Formulierungen zu »verlieben« – käme es auf die einzelne, genaue Formulierung an, dann könnte oder müsste man seine Rede ja doch ablesen oder auswendig lernen. Deshalb:

Man soll auf keinen Fall versuchen, bei jedem Sprechdenkversuch immer die gleichen Formulierungen wiederzufinden!

Wichtig ist nur der Sinn und die lockere, verständliche Sprache, nicht der genaue Wortlaut. Eine Ausnahme kann nur der Zwecksatz sein – bei einem zündenden Appell beispielsweise kann es durchaus einmal auf die exakte Formulierung ankommen. Außerdem leidet die Wirkung natürlich sehr, wenn ich ausgerechnet bei meinem letzten Satz ins Stocken komme. Versprecher, kurze »Hänger« während einer Rede sind überhaupt kein Problem, aber im Schlusssatz sind sie doch störend. Also:

> **Den Zwecksatz kann und soll man sich ausnahmsweise wörtlich aufschreiben und auch einige Male üben!**

Für die zweite Frage – Übersichtlichkeit der Stichwortanordnung – können verbindlichere Hilfen formuliert werden. Dafür müssen wir uns zunächst klar machen, dass es unterschiedlich wichtige Stichworte gibt – also Haupt- und Nebenstichworte:

- Die **Hauptstichworte** haben gewissermaßen die Aufgabe einer »Initialzündung«, sie sollen den Redner am Anfang eines neuen Gedankengangs erst einmal in Schwung bringen.
- Die **Nebenstichworte** wären dann der laufende »Treibstoff«, den man braucht, um einen so »gestarteten« Gedanken fortzuführen.

Diese unterschiedlichen Aufgaben müssen im eigentlichen Stichwortkonzept auch optisch deutlich werden:

> **Das Stichwortkonzept wird zweispaltig aufgebaut – in die linke Spalte kommen die Hauptstichworte, in die rechte die Nebenstichworte!**

Dazu ein Beispiel, wie die Unterscheidung in Neben- und Hauptstichworte praktiziert werden kann: Angenommen, man will an irgendeiner Stelle seiner Rede auf die Aufgaben der gewerkschaftlichen Vertrauensleute zu sprechen kommen. Man möchte seinem Publikum dabei unter anderem erklären, dass eine wichtige Aufgabe der Arbeit der Vertrauensleute darin liegt, eine Art Bindeglied zwischen Betriebsrat und Belegschaft, zwischen Gewerkschaftsverwaltung und Gewerkschaftsmitgliedern im Betrieb zu sein. Dazu gehört, dass die Vertrauensleute innerhalb der Gewerkschaft Informationen von »oben« nach »unten«, aber auch von »unten« nach »oben« weitergeben.

Ein zweiter Gedanke ist dann, dass man deutlich machen will, dass sich die Aufgaben gewerkschaftlicher Vertrauensleute in dieser »Briefträger«-Funktion nicht erschöpfen können und dürfen. Sie sollen mehr sein. Sie sind die aktive

Interessenvertretung der Gewerkschaftsmitglieder ihres Wirkungsbereichs. Und sie sollen deshalb auch Einfluss ausüben auf die Entscheidungen von Betriebsrat und Gewerkschaftsorganen. Sie sollen durch Diskussionen in der Belegschaft deren Meinung herausfinden und sich dafür einsetzen, dass diese bei Plänen und Entscheidungen auch berücksichtigt wird.

Setzt man diese beiden Gedanken nun in Haupt- und Nebenstichworte um, könnte das zum Beispiel so aussehen:

Aufgabe der Vertrauensleute	*Bindeglied zwischen Betriebsrat – Belegschaft*
	Informationen oben – unten, unten – oben
aktive Interessenvertretung	*Einfluss auf Entscheidung Diskussion im Betrieb*
	Meinung der Mitglieder einbringen

Hier wurde das gemacht, was man meist ganz automatisch tut: Der inhaltlich jeweils wichtigste Begriff aus einem Gedankengang ist als Hauptstichwort in die erste Spalte geschrieben worden.

Das muss aber nicht unbedingt richtig oder jedenfalls nicht vorteilhaft sein. Man sollte jetzt einmal versuchen, das nachzuvollziehen: Man ist mit seinem ersten Gedanken ans Ende gekommen, hat also etwa gesagt: »Die Vertrauensleute geben deshalb Informationen weiter, von oben nach unten, aber auch von unten nach oben!«

So. Jetzt ist der zweite Gedanke dran. Hauptstichwort ist »aktive Interessenvertretung«. Wahrscheinlich ist einem durchaus klar, worauf man damit hinaus wollte. Aber: »aktive Interessenvertretung«? Wie fängt man den Satz jetzt am besten an? Man überlegt ... Das dauert schon viel zu lange ... Man wird immer aufgeregter ...

Kurzum: Dieses Hauptstichwort hat seine Aufgabe, den nächsten Gedankengang »in Schwung« zu bringen, nicht erfüllt! Ein verbesserter Vorschlag könnte so aussehen:

> *Aufgabe der*   *Bindeglied zwischen*
> *Vertrauensleute*   *Betriebsrat – Belegschaft*
>
> *Informationen*
> *oben – unten, unten – oben*
>
> *Aber nicht*   *aktive Interessenvertretung*
> *nur das!*
> *Diskussion im Betrieb*
> *Meinung der Mitglieder*
> *einbringen*

Wenn man anhand dieser Stichworte jetzt noch einmal den Übergang vom ersten zum zweiten Gedanken nachvollzieht, wird man feststellen, dass durch diese scheinbar ganz unwichtigen Wörter »Aber nicht nur das« (es könnte jetzt etwa weitergehen: »... die Vertrauensleute müssen vor allem aktive ...«) problemlos ein Einstieg in den zweiten Gedanken gefunden wird. Deshalb gilt:

> **Beim Ausarbeiten des Stichwortkonzepts muss man bei der Auswahl der Hauptstichworte besonders viel Wert auf leichte Übergänge von dem einen Gedanken zum nächsten legen!**

Dabei gibt es viele Begriffe, die eine solche Funktion übernehmen könnten: »Aber«, »Trotzdem«, »Doch zunächst«, »Entscheidend aber ist« usw. Das soll jetzt nicht etwa heißen, dass solche Füllworte **immer** die besten Hauptstichworte wären. Aber man muss doch genau testen und überlegen, welche Stichworte einen möglichst störungsfreien Gedanken- und Redefluss ermöglichen.

Hier noch einmal die wichtigsten Punkte für ein übersichtliches und handliches Stichwortkonzept in einer Übersicht:

Erstellung eines Stichwortkonzepts

- Zweispaltige Aufteilung in Haupt- und Nebenstichworte, weil dadurch das freistehende Hauptstichwort besser ins Auge fällt.
- Viel Platz zwischen den einzelnen Gedanken.
- So groß und deutlich schreiben, dass alles aus einem Meter Entfernung mühelos (!) gelesen werden kann.
- Das Format des Konzepts »nicht zu groß und nicht zu klein«; optimal: DIN A5 (= halbe Briefbogengröße). Da die Stichworte zweispaltig angelegt werden – Querformat.
- Am besten sind Karteikarten DIN A5 Querformat, sie haben die richtige Größe, sind liniert und lassen sich wegen des festeren Kartons leichter handhaben.
- Die Karten nur einseitig beschreiben, damit das lästige Umblättern entfällt (nachher weiß man nicht: Hab' ich schon umgeblättert oder hab' ich noch nicht).
- Wenn am Pult geredet werden muss, können auch zwei aufeinander folgende Karten nebeneinander gelegt werden, um so leichter den Übergang von der einen Karte zur nächsten zu finden.
- Die Karten durchlaufend nummerieren.

Vielleicht erscheint das manchem viel zu kleinkariert. Aber: Das Hauptproblem der Redeneulinge (und die größte Furcht auch des erfahreneren »Profis«) ist nun einmal das Steckenbleiben. Und das ist fast immer auf eine ungenügende Ausarbeitung des Stichwortkonzepts zurückzuführen:

Die Zettel mit den Stichworten sind zu unübersichtlich aufgebaut, enthalten falsche oder zu wenige Stichworte, die Schrift ist zu klein oder zu unleserlich. Und das Ärgerliche dabei ist, dass das alles Fehler sind, die man verhältnismäßig einfach vermeiden kann!

Soviel ist jedenfalls sicher: Hat man alle diese Punkte beachtet, **kann** es einfach nicht mehr passieren, dass man – selbst wenn man sehr aufgeregt sein sollte – nachhaltig den Überblick und den Faden verliert. Noch eine letzte Anmerkung:

Ist das Stichwortkonzept fertig und durch einen letzten Sprechdenkversuch überprüft, lege ich es zur Seite und lasse es dort auch liegen! Erst kurz vor der Rede lese ich es noch einmal durch, und dann geht es los!

Übung 12

Die größere Rede

Ziel	Probeweise Anwendung der bisherigen Tipps und Regeln.
Material	Übersichten auf den Seiten 198 und 201. Punkte zum Erstellen eines übersichtlichen und handlichen Stichwortkonzepts auf Seite 206. Gedankenzettel und Karteikarten.
Ablauf	Thema festlegen – es sollte ein Thema sein, in dem man sich wirklich gut auskennt und das man schon immer einmal bearbeiten wollte. Es sollte auch möglichst handfest sein, das heißt, aus dem eigenen Erfahrungsbereich stammen. Vorbereitung der Rede nach dem 5-Schritt-Aufbau unter genauer Beachtung aller Arbeitsschritte. Übertragen in ein Stichwortkonzept. Dabei besonders auf die Übergänge (Hauptstichworte) achten. Probe-Vortrag der Rede im Stehen hinter einem normalen Tisch. Wer mit anderen arbeitet: Reden vor »Publikum«. Ton- oder Videoaufzeichnung.

Anmerkung zu Übung 12:

Bei allen Redeübungen steht immer der Hinweis auf die nützliche Selbstkontrolle durch Tonaufzeichnungen. Inzwischen sind Videokameras allgegenwärtig, meist gibt es auch die Möglichkeit, computergestützt richtige kleine Filme zu »schneiden«. Da liegt es natürlich nahe, statt der Tonaufzeichnung gleich eine Videoaufnahme zu machen.

Die Vorteile liegen auf der Hand: Man bekommt nicht nur den akustischen Eindruck vermittelt, sondern kann auch Körperhaltung, Mimik und Gestik überprüfen und dabei ohne Zweifel viel lernen.

Es können allerdings auch schwerwiegende Probleme damit verbunden sein:

- Erstens kann die Videoaufzeichnung wie ein Spiegel wirken – das heißt: Man wird in Versuchung geführt, bestimmte (scheinbar) wirkungsvolle oder dramatische Gesten einzupauken, was dann sehr zu Lasten von Natürlichkeit und Lockerheit des Auftretens gehen kann.
- Zweitens kann das Agieren vor der Kamera – vor allem wenn man allein mit der Videokamera ist – eine sehr einschüchternde, zu unnatürlichem und verkrampftem Verhalten führende Sache sein.

Nicht so dramatisch ist es, wenn man in einer kleinen Gruppe arbeitet, wenn man also neben der Videokamera auch immer noch richtiges, lebendiges Publikum hat. Dann nimmt man die Kamera nicht so wahr. Man spricht zu den Menschen, nicht in die unpersönliche Linse.

Konkreter Ratschlag: Arbeitet eine Gruppe zusammen, gibt es eigentlich keine Einwände gegen den Videoeinsatz. Arbeitet man allein, sollte man darauf jedenfalls bei den ersten Übungen noch verzichten, sich auf jeden Fall aber vor den beschriebenen Problemen hüten, zum Beispiel indem man nicht direkt in die Kamera spricht, sondern sie etwas seitlich aufbaut, während man selber beim Sprechen zum Beispiel aus dem Fenster schaut.

Es wird ernst: Auftritt und Rede

Längere Reden werden meist im Stehen gehalten. Und dabei ist das Stehen an sich bereits bedeutungsvoller, als es vielleicht auf den ersten Blick erscheinen mag.

- »Er hat einen festen Standpunkt.«
- »Sie steht zu ihrem Wort.«
- Jemand ist ein »gestandenes Mannsbild«.
- »Sie steht mit beiden Beinen fest auf der Erde.«
- »Wir halten Stand.«

Es gibt eine Fülle solcher Redensarten, die eine unmittelbare Verbindung zwischen dem Stehen einerseits und Selbstsicherheit, Kraft und Stetigkeit andererseits herstellen. Das heißt:

> **Nur wer fest und sicher steht redet auch sicher und selbstbewusst!**

Das für uns Interessante dabei ist, dass das feste Stehen nicht nur ein Zeichen für Selbstsicherheit ist, sondern dass das auch andersherum funktioniert:

> **Durch eine bewusst eingenommene feste Standposition kann ich Redeangst und Unsicherheit, die ja auch körperliche Auswirkungen haben, erheblich herunterdrücken!**

Idealbild ist dabei allerdings nicht etwa das »preußisch-militärische« Stehen (Brust raus, Bauch rein), sondern – im Gegenteil – ein entspanntes, in sich ruhendes Stehen.

> **Eine leicht gegrätschte Beinstellung, nicht zu straff durchgedrückte Knie, die volle Fläche der Füße im Kontakt mit dem Boden, bewusst locker gelassene Schultern und entspannte Bauchmuskeln – das ist die richtige Ausgangsposition für ruhiges, sicheres Reden!**

Es ist vielleicht kein Zufall, dass diese Art zu stehen vor allem von Frauen oft als wenig angenehm empfunden wird – viele fühlen sich dabei (immer noch!?) »unweiblich« und zu wenig »graziös«. Schade, denn diese feste, ruhende Art zu stehen, bringt ganz unmittelbare körperliche Vorteile:

Wer so steht, wendet nämlich, ohne sich besonders darauf konzentrieren zu müssen, die sogenannte »Zwerchfellatmung« an. Das heißt, dass die Lungen nicht dadurch mit Luft vollgesogen werden, dass man den Brustkorb ausdehnt, sondern dadurch, dass das Zwerchfell (die Trennwand zwischen Brustkorb und Bauchhöhle) nach unten gedrückt wird, dass sich der Bauch also beim Einatmen etwas nach vorne schiebt. Und die Zwerchfellatmung ist die entspanntere Art der Atmung, die zuverlässig verhindert, dass während des Redens die Luft knapp wird.

Eine entspannte Standposition sollte deshalb auch immer dann bewusst wieder neu eingenommen werden, wenn aus irgendeinem Grunde während des Redens die Luft knapp wird und die Aufregung wieder zunimmt!

Aus dieser Haltung heraus entwickelt sich auch am ehesten eine lockere und natürliche Gestik. Voraussetzung dafür ist allerdings, dass man auch im Stehen seine Hände nicht behindert, indem man sie in die Tasche steckt, sie hinter dem Rücken versteckt, die Arme über der Brust verschränkt oder sich am Rednerpult oder am Manuskript festklammert. Das heißt:

Die Hände müssen immer mit angewinkelten Armen locker schwebend vor dem Körper gehalten werden!

Sowie die Hände nach unten sacken, wird es sehr viel schwieriger, sie wieder nach oben zu bringen, um mit Handbewegungen etwas zu unterstreichen. Und nur der Vollständigkeit halber: Selbstverständlich (!) bleibt der Blickkontakt immer sehr wichtig.

Besonders für den Beginn der Rede ist es nützlich, diese Hinweise zu beachten, denn die ersten Sekunden einer Rede sind entscheidend für die Gesamtwirkung aber auch für das Befinden während der ganzen Rede.

Man steht also ganz ruhig auf und geht zum Pult. Dort nimmt man bewusst eine entspannte Standposition ein, schaut seine Zuhörer wenige Augenblicke an, ehe man dann auf sein Stichwortkonzept blickt, die ersten Stichworte aufnimmt und mit seiner Rede beginnt.

Spricht man ohne Pult, hält man seine Arme leicht angewinkelt, während man die Karteikarten in einer Hand hält!

Man sollte dabei keinesfalls den Versuch machen, seine Notizen zu verstecken – erstens ist es selbstverständlich, dass man Notizen benutzt, zweitens klappt das sowieso nicht, sondern führt nur zu etwas lächerlichen Situationen. Es ist einfach nur komisch, wenn jemand einige Zettel mit Notizen in der Hand hat, diese aber hinter seinem Rücken versteckt hält, um sie dann von Zeit zu Zeit hervorschnellen zu lassen, um einen Blick darauf zu werfen. Und es wirkt ausgesprochen verkrampft, wenn man seine Stichwortkarten am ausgestreckten Arm so etwa in Höhe der Oberschenkel hält, um dann mit einer »unauffälligen« Verdrehung des Kopfes »heimlich« darauf zu blicken. Alles Unsinn.

Beide Arme sind angewinkelt, in einer Hand hält man die Karteikarten. Die sind auf diese Art immer in guter Leseentfernung, und wenn man von Zeit zu Zeit darauf schaut, ist das nicht nur ganz selbstverständlich, sondern tatsächlich auch viel unauffälliger als alle anderen möglichen Verrenkungen.

> **Spricht man vom Pult aus, dann legt man das Stichwortkonzept vor sich hin, tritt einen halben Schritt zurück (wichtig!) und legt die Hände locker (!) auf den Rand des Pults!**

Nach Beginn der Rede müssen die Hände aber möglichst schnell wieder weg vom Pult, denn auch hinter einem Pult ist Gestik notwendig.

Pausen machen, aber richtig

Pausen während einer Rede sind nichts Negatives. Sie erscheinen nur dem befangeneren Redeneuling so, weil er Angst hat, hinterher nicht wieder »in Gang« zu kommen. Man steht nämlich – auch wenn man seine Pausen ganz bewusst setzt – beim Reden unter dem Eindruck, das Publikum warte ständig darauf, dass es nun endlich weitergehe. Dabei ist das genaue Gegenteil der Fall:

> **Wer ohne Pausen, ohne Punkt und Komma redet, überfordert die Zuhörenden und das heißt praktisch: Man wird nicht verstanden!**

Dafür muss man sich kurz einmal klar machen, dass man als Redender dem, was man gerade sagt, in Gedanken immer schon ein Stück voraus ist. Während ein Gedanke ausgesprochen wird, formuliert man im Kopf bereits den nächsten Satz. Anders würde freies Sprechen nur anhand von Stichworten gar nicht funktionieren.

Die Zuhörenden jedoch sind in einer ganz anderen Situation: Bei ihnen kommen die Gedanken des Redenden erst dann an, wenn sie ausgesprochen sind. Deshalb brauchen die Zuhörenden auch mehr Zeit als der Redende. Und sie müssen die Chance haben, das eben Gehörte erst einmal zu verarbeiten, ehe sie dann bereit sind weiter zuzuhören.

Die Zuhörenden also sind es, die Redepausen brauchen, nicht der Redner!

Wichtig sind Pausen vor allem nach einem sehr bedeutsamen Satz, der sich besonders stark einprägen soll und zwischen den einzelnen Hauptabschnitten einer Rede.

Die Schwierigkeit der Zuhörenden, etwas Gehörtes schnell genug aufnehmen zu können, sollte aber auch noch in einer anderen Art berücksichtigt werden:

Bei besonders komplizierten, für die Zuhörenden neuen oder bei sehr wichtigen Teilen einer Rede sollte man sich nicht scheuen, das gerade Gesagte noch einmal mit anderen Worten zu wiederholen oder – sehr wichtig! – durch ein Beispiel anschaulich zu machen!

Übung 13

Die entspannte Standposition

Ziel	Entspanntes, sicheres Stehen trainieren. Diese Übung muss häufiger wiederholt werden!
Ablauf	Die Beine leicht grätschen (Füße etwa 20 bis 30 Zentimeter auseinander, Fußspitzen etwas nach außen). Die Knie nicht durchdrücken, sondern etwas lockern. Schultern leicht fallenlassen. Bauch- und Gesäßmuskeln entspannen. Arme anwinkeln, die Hände »schweben« in Bauchnabelhöhe vor dem Körper (man fühlt sich dabei viel alberner als man aussieht!). Diese schrittweise Entspannung einige Male bewusst und langsam ausprobieren. Danach dann (ebenfalls mehrfach) trainieren, diese Entspannungsschritte schnell, sozusagen wellenartig von oben nach unten durch den Körper laufen zu lassen. Das ist wichtig für die »Entspannung zwischendurch«, also während des Redebeitrags.

Übung 14

Die größere Rede mit allem Drum und Dran

Ziel	Anwendung aller bisher beschriebenen und geübten Techniken
Material	Stichwortkonzept der größeren Rede aus Übung 12
Ablauf	Es sollten zwei Varianten geübt werden: • frei im Raum stehen; • hinter einem Pult (provisorisch zusammengestellt). Entspannte Standposition einnehmen (vom Rednerpult einen halben Schritt zurück). Blickkontakt aufnehmen. Dann Blick aufs Konzept, Lesen des ersten Stichworts. Hochschauen und mit der Rede beginnen. Laufenden Blickkontakt suchen. Immer wieder kurz auf das Stichwortkonzept schauen, Stichwort aufnehmen, hochsehen und frei weiterreden; Kontakt zum Stichwortkonzept nicht abreißen lassen. Pausen nicht vergessen. Arme angewinkelt halten – Gestik nicht behindern. Hände weg vom Pult. Auch wer bisher allein arbeiten musste, sollte doch versuchen, für diese Abschlussübung ein, zwei, drei (wohlwollende und nicht zu alberne) Leute zu finden, die die Rolle des Publikums übernehmen. Videoaufzeichnung.

Zum (hoffentlich) guten Schluss

Um es noch einmal ganz deutlich zu sagen: Es kann am Anfang gar nicht gelingen, alles anzuwenden, was hier zum Thema freies und wirkungsvolles Reden vorgeschlagen wurde. Man muss sich selber die Zeit lassen, um zu üben, Erfahrungen zu machen, auch und besonders in Ernstsituationen.

> **Man sollte sich vor allem anfangs auch nicht zu viel zumuten!**

Natürlich muss der Sprung ins Wasser gewagt werden: Vor allem darf man nicht mehr allen Möglichkeiten, frei zu reden, ausweichen. Im Gegenteil: Man muss die Gelegenheiten suchen und nutzen. Aber:

Es ist gut, wenn man dafür ein abgestuftes, persönliches »Aufbauprogramm« entwickelt:

- Zunächst in vertrauteren Kreisen kurze aber gut vorbereitete, kürzere Redebeiträge beisteuern – jedoch nicht um jeden Preis! Lieber einen Beitrag weniger, dafür aber nur gelungene.
- Übernehmen von Aufgaben, die freies Reden erfordern – zum Beispiel Berichterstattungen über Ausschusssitzungen, Diskussionsleitung bei Gruppenabenden oder kleinen Veranstaltungen.
- Die Anforderungen an sich selbst langsam steigern – nicht gleich auf dem nächsten Parteitag oder am ersten Mai das Hauptreferat halten wollen, sondern im kleineren Kreis anfangen!
- Zunächst lieber zu kurz als zu lang reden und nur Themen wählen, bei denen man sich absolut sicher fühlt!
- Aber auch: Keine Angst vor fremdem Publikum!

Diverse Tipps und Tricks zum Schluss

Zum Abschluss unseres Redetrainings sollen hier noch einmal die wichtigsten Schwächen und Fehler zusammengefasst werden, die man bei sich selber entdecken könnte. Dazu gibt es natürlich konkrete Tipps und Tricks, wie man sie vermeiden oder zumindest wirksam ausbügeln kann.

Hier finden sich einige Hinweise wieder, von denen in den letzten Kapiteln bereits die Rede war, aber auch eine Menge weiterer Ratschläge. Es lohnt sich also, auch diesen Teil systematisch durchzugehen ...

Auftritt hat nicht geklappt

- Ich habe bereits begonnen zu reden noch während des Aufstehens oder ehe ich meinen Platz am Rednerpult erreicht habe.
- Ich habe keinen Blickkontakt zu meinem Publikum gesucht, bevor ich begonnen habe zu reden.
- Ich habe die ersten Sätze viel zu schnell herausgesprudelt.

Um diese Fehler zu vermeiden, ist es wichtig, gerade während der ersten, entscheidenden Sekunden der Rede bewusst die vorgeschlagene entspannte Standposition einzunehmen. Sie hilft tatsächlich über die ersten, schwierigsten Augenblicke hinweg – mehrfach trainieren!

Blickkontakt hat gefehlt

- Ich habe ununterbrochen auf mein Stichwortkonzept gestarrt; ich habe meistens zur Decke hinauf oder auf den Fußboden geblickt. Möglicherweise habe ich auch immer nur ein und denselben Menschen im Publikum angesehen.

Um das abzustellen, muss richtig mit dem Stichwortkonzept gearbeitet werden:

Das benötigte Stichwort aufnehmen, hochblicken, den Gedanken frei formulieren und dann erst wieder auf das Stichwortkonzept sehen. Das ist nur möglich, wenn das Stichwortkonzept übersichtlich aufgebaut ist.

An verschiedenen Stellen des Raums Leute heraussuchen, die mir auf Anhieb sympathisch sind und diese dann im Wechsel ansehen, bis ich sicher genug geworden bin, den Blick ganz frei wandern zu lassen.

Gestik hat gefehlt

Ich habe bei mir selbst Folgendes beobachtet:

- Ich habe die Arme herunterhängen lassen;
- die Arme auf dem Rücken oder vor der Brust verschränkt;
- die Hände in die Hosentaschen gesteckt;
- mich am Rednerpult oder am Stichwortkonzept festgeklammert;
- die Hände gerungen oder ineinander verschränkt;
- mit dem Kugelschreiber oder etwas anderem herumgefummelt.

In diesen Fällen besonders darauf achten, dass man bei der entspannten Standposition auch die Hände von Anfang an frei hat. Dafür die Arme anwinkeln, sodass die Hände etwa in Bauchnabelhöhe vor dem Körper in der Schwebe gehalten werden. Man selber kommt sich dabei blöd vor, aber es sieht locker und natürlich aus und es ist die einzige sichere Methode, von Anfang an zu einer guten Gestik zu kommen.

Zu beachten ist ebenfalls, dass man möglichst nichts in den Händen hat (außer, wo es anders nicht geht, das Stichwortkonzept – in einer Hand). Auch Handbewegungen, wie das Zusammenballen, ein angedeutetes Zugreifen, die flach ausgestreckte Hand, können ein Ausdrucksmittel sein. Das muss aber nicht extra einstudiert werden, hält man die Hand nur locker und offen, geht das von allein.

Auch während des Redebeitrags immer wieder daran denken, dass nur aus den angewinkelten Armen heraus eine lockere und natürliche Gestik möglich ist. Dabei die Arme unter Kontrolle halten, damit sie nicht nach einer kurzen Handbewegung wieder hinter dem Rücken oder sonstwo verschwinden.

Unruhiger Stand

Gegen Körperbewegungen ist nichts einzuwenden. Es gibt aber Leute, die während des Redens wie beim Boxen auf der Stelle tänzeln. Das macht die Zuhörenden nervös und lenkt sie ab.

Auch hier ist es wichtig, dass man sich an die entspannte Standposition vor allem am Beginn der Rede hält und dass man von Anfang an eine lockere Gestik zulässt. Dieses Tänzeln ist eine Art fehlgeleiteter Redeenergie, die in Gestik sinnvoller investiert wäre.

Zu schnelles Sprechen

Auch hier: Gestik führt fast automatisch zu einigen Pausen im Redefluss – oft ist nämlich nicht einmal die eigentliche Sprechgeschwindigkeit zu hoch, es fehlen nur die Pausen.

Größere Abstände zwischen den einzelnen Abschnitten des Stichwortkonzepts erinnern daran, dass hier »Erholungspausen« gemacht werden sollten. Vielleicht auch an verschiedenen Stellen des Stichwortkonzepts mit rotem Schreiber das Wort »Pause« einfügen.

Zu gleichmäßiger, leiernder Tonfall

Selbst auf die Gefahr hin, dass die Wiederholung dieses Hinweises allmählich langweilig wird: Gestik sorgt für lebendigeres Sprechen.

Besonders problematisch ist es, wenn Sätze, die von ihrer Aussage her mitreißend sein sollen, in einem unbeteiligt erscheinenden Tonfall abgespult werden. Auch hier kann man sich als Erinnerung daran, mehr Kraft in die Stimme zu bringen, einen Hinweis ins Stichwortkonzept machen, indem man solche Stichworte dick und rot unterstreicht (Wiederholen: Übung 9).

Nachdruck und Engagement sind nicht mit Lautstärke zu verwechseln. Auch sehr leise gesprochene Sätze können mit großem Nachdruck vorgebracht werden. Wichtig ist dabei, dass man nicht nur mit der Stimme, sondern mit dem ganzen Körper spricht, alle Muskeln anspannt.

Versprecher

Das macht überhaupt nichts. War es ein kleiner Versprecher, kann man ihn unbeachtet lassen und weiter reden. War es ein wichtiger Versprecher (der den ganzen Sinn des Gesagten umdreht), einfach noch einmal richtig wiederholen.

Häufen sich die Versprecher, ist das meistens ein Zeichen dafür, dass man vor lauter Aufregung keine Luft mehr bekommt. Das verführt dann nämlich dazu, immer schneller und schneller zu sprechen, wodurch das Risiko weiterer Versprecher steigt. Da hilft es nur, noch einmal kurz die entspannte Standposition einzunehmen, durchzuatmen und langsam weiter zu reden.

Steckenbleiben

Das beste Mittel gegen das Steckenbleiben ist ein sorgfältig vorbereitetes Stichwortkonzept, auf das man regelmäßig schaut, sodass man nie den Kontakt dazu verliert.

Bleibt man trotzdem einmal richtig stecken, genügt eine normale Überlegungspause also nicht, um wieder in Gang zu kommen. Man kann eine neue Orientierung suchen, indem man den letzten Satz mit etwas anderen Worten noch einmal wiederholt. Dabei erinnert man sich dann fast immer, wie es weitergehen soll.

Nützt auch das nichts, soll man ruhig zugeben, hängengeblieben zu sein. Das wirkt menschlich und strahlt mehr Sicherheit aus, als wenn man hilf- und kopflos in seinen Unterlagen blättert und gar nichts mehr sagt. Merke: Es ist kein Zeichen von gutem Charakter, aber es ist so, dass Menschen vor allem über die lachen, die einen unsicheren Eindruck machen, nicht über die, die nur mal steckengeblieben sind!

Im Notfall überspringt man den Rest des kritischen Punktes und setzt beim nächsten Hauptstichwort neu an. Eine kurze Entspannung und festes Hinstellen ermöglichen einen ruhigen und sicheren Neuanfang.

Probleme, den Stichwortzettel zu lesen

Wer beim Anfertigen des Stichwortkonzepts zu klein oder unleserlich geschrieben hat, ist selber Schuld. Das muss man dann eben einfach besser machen. Es gibt aber verhältnismäßig viele Menschen, die auch bei deutlich und groß geschriebenen Worten nur sehr mühselig lesen können. Meist handelt es sich dabei um die so genannte Legasthenie (Lese- und Rechtschreibschwäche). Für diese Menschen (häufig sind es übrigens Männer) ist es natürlich besonders schwer, anhand von Stichworten zu reden (mit einem voll ausgeschriebenen Text wäre es allerdings noch schwieriger).

Wer unter Legasthenie leidet, muss versuchen, mit so wenig Stichworten wie möglich auszukommen und dabei immer nur einzelne Worte sehr groß aufschreiben. Das stellt dann besondere Anforderungen an das Gedächtnis. Deshalb sollten auch die Übungen 3, 4 und 5 sehr oft und immer erneut wiederholt werden.

Der Redebeitrag »versickert im Sande«

Das ist eine sehr häufig auftretende Schwierigkeit. Obwohl ich einerseits froh bin, den Redebeitrag hinter mir zu haben, komme ich auf der anderen Seite nicht zum Schluss.

Deshalb muss der Schlusssatz immer besonders sorgfältig vorbereitet werden und wörtlich oder mit besonders vielen Stichworten aufgeschrieben werden.

Die Formulierung selber, besonders auch die Betonung, muss dabei häufig und laut geprobt werden.

Verlegenheitslaute oder -begriffe

- Man hat mir gesagt – und ich habe es auch bei Tonaufzeichnungen festgestellt –, dass ich nach jedem halben Satz »Ähh« sage oder ständig Füllwörter wie »nicht wahr« und »also« benutze.

Das sind Angewohnheiten, die man nicht so leicht wieder los wird. Man muss schon eine ganze Menge Geduld mit sich selber aufbringen. Wichtig ist, dass man es erst mal weiß. Normalerweise merkt man das nämlich gar nicht. Hat man es aber gemerkt, dann stellt man in einer ersten Phase immer wieder fest, dass schon wieder ein »nicht wahr« herausgerutscht ist. Später bemerkt man schon bevor man wieder »nicht wahr« sagen will, dass sich dieser Blödsinn auf die Lippen drängen will und kann das dann energisch runterschlucken (das ist durchaus wörtlich so gemeint, man muss dann einmal kurz schlucken). Und dann ist es nicht mehr weit, bis man sich diese Unart abgewöhnt hat. Leider gewöhnt man sich oft gleich die nächste an, deshalb muss man sich immer wieder kontrollieren.

Aber: Das Abgewöhnen dauert seine Zeit, die man sich selber auch zugestehen muss.

Nervosität, Unsicherheit – und alle sehen das auch

Irrtum – das Publikum registriert das kaum. Meist ist es uns äußerlich nicht einmal anzumerken, dass wir innerlich so aufgeregt und nervös sind. Das sollte man mal gezielt durch Ton- oder auch Videoaufnahmen überprüfen.

Dieses schreckliche Zittern der Stimme, die scheinbar endlose Überlegungspause, der Schweißausbruch oder das Zittern der Knie, all das merken nur wir selber so stark, es kommt aber nicht über die Rampe. Nebenbei bemerkt ist es auf diesen Effekt auch zurückzuführen, dass man immer glaubt, man selber sei der einzige Mensch, der Redeangst hat, alle anderen machen ja einen so sicheren Eindruck.

Merken wir uns also zum Schluss: So besch..., wie wir uns während der Rede (vielleicht) fühlen, sehen wir keinesfalls aus!

Stichwortverzeichnis

Kompetenz verbindet

Thomas Klebe / Jürgen Ratayczak / Micha Heilmann / Sibylle Spoo

Betriebsverfassungsgesetz

Basiskommentar mit Wahlordnung
16., aktualisierte und überarbeitete Auflage
2010. 743 Seiten, kartoniert
€ 32,–
ISBN 978-3-7663-3999-7

Der Basiskommentar ist das bewährte Handwerkszeug für jedes Betriebsratsmitglied. Leicht verständlich und prägnant erläutert er das gesamte Betriebsverfassungsrecht und bringt die Rechtsprechung auf den Punkt. Der Benutzer erhält zu vielen Einzelfällen einen Überblick über den gegenwärtigen rechtlichen Stand, die Meinung der Rechtsprechung und – wenn nötig – eine arbeitnehmerfreundliche Empfehlung der Autoren.

Dieser Basiskommentar ist Pflicht für alle, die sich täglich mit Fragen des Betriebsverfassungsgesetzes beschäftigen. Sie finden hier schnell und rechtssicher alle Informationen, die Sie für Ihre Arbeit benötigen.

Zu beziehen über den gut sortierten Fachbuchhandel oder direkt beim Verlag unter E-Mail: kontakt@bund-verlag.de

Bund-Verlag

Kompetenz verbindet

Christian Schoof

Betriebsratspraxis von A bis Z

Das Lexikon für die betriebliche Interessenvertretung
9., überarbeitete und aktualisierte Auflage
2010. 1.728 Seiten, gebunden mit CD-ROM
€ 49,90
ISBN 978-3-7663-3978-2

Der »Schoof« ist aus der Praxis der Betriebsratsarbeit nicht mehr
wegzudenken. Das bewährte Lexikon liefert praktische Hilfen zur
Lösung der Fragen, die im betrieblichen Alltag auftreten. Es informiert über die Aufgaben, Rechte und Handlungsmöglichkeiten
des Betriebsrats. Zugleich erfahren Beschäftigte genau, welche
Rechte und Pflichten sie haben.

Auch für Nichtjuristen sind die Erläuterungen zu den jeweiligen
Begriffen und Fallgestaltungen gut verständlich. Sie werden ergänzt durch zahlreiche Checklisten, Musterschreiben und Übersichten. Die Neuauflage berücksichtigt den Gesetzesstand bis
Ende Januar 2010.

Zu beziehen über den gut sortierten Fachbuchhandel oder
direkt beim Verlag unter E-Mail: kontakt@bund-verlag.de

Bund-Verlag

Kompetenz verbindet

Michael Kittner

Arbeits- und Sozialordnung

Gesetzestexte • Einleitungen • Anwendungshilfen
35., aktualisierte Auflage
2010. 1.643 Seiten, kartoniert
€ 26,90
ISBN 978-3-7663-3988-1

Gesetze plus Erläuterungen – das ist die Erfolgsformel der jährlich neu aufgelegten »Arbeits- und Sozialordnung«. Die solide Grundlage bilden über 90 für die Praxis relevante Gesetzestexte im Wortlaut oder in wichtigen Teilen – natürlich auf dem neuesten Stand. Die Ausgabe 2010 ist weiter optimiert durch eine allgemeine Einführung in die Arbeits- und Sozialordnung sowie 80 Checklisten und Übersichten zur praxisgerechten Anwendung und raschen Orientierung über komplexe Gesetzesinhalte. Bei wichtigen Gesetzen erklären Übersichten die seit der Vorauflage publizierte höchstrichterliche Rechtsprechung – mit Verweis auf eine Fundstelle.

Fazit: Der »Kittner« ist unerlässlich für alle, die über das Arbeits- und Sozialrecht auf aktuellem Stand informiert sein wollen.

Zu beziehen über den gut sortierten Fachbuchhandel oder direkt beim Verlag unter E-Mail: kontakt@bund-verlag.de

Bund-Verlag